任清云

曹凯 著

U0175332

Photoshop
25天学习法

入门到精通（结合实操教学）

平面设计 | 广告设计 | UI设计 | 电商设计 | 网页设计

山东友谊出版社·济南

图书在版编目（CIP）数据

Photoshop 25 天学习法 / 任清云，曹凯著 . -- 济南：
山东友谊出版社，2022.4

ISBN 978-7-5516-2511-1

Ⅰ . ① P… Ⅱ . ①任… ②曹… Ⅲ . ①图像处理软件
Ⅳ . ① TP391.413

中国版本图书馆 CIP 数据核字(2022)第 060749 号

Photoshop 25 天学习法
PHOTOSHOP 25TIAN XUEXI FA

责任编辑：于淑霞
装帧设计：刘一凡

主管单位：山东出版传媒股份有限公司
出版发行：山东友谊出版社
　　　　　　地址：济南市英雄山路 189 号　邮政编码：250002
　　　　　　电话：出版管理部（0531）82098756
　　　　　　　　　发行综合部（0531）82705187
　　　　　　网址：www.sdyouyi.com.cn
印　　刷：山东新华印务有限公司

开本：787 mm×1092 mm　1/16
印张：17.25　　　　　　字数：323 千字
版次：2022 年 4 月第 1 版　印次：2022 年 4 月第 1 次印刷
定价：98.00 元

内容简介

Photoshop，简称"PS"，是一款可以对图片进行编辑、合成、校色、调色及特效制作的数字图像处理软件，广泛应用于图像处理、设计等相关行业。对于平面设计、广告设计等设计行业的从业人员来说，灵活使用 Photoshop 属于必不可少的技能。

本书针对 Photoshop 的初学者，运用生动活泼的语言，深入浅出地介绍了 Photoshop 的基础知识，内容涵盖修图、绘图、调色、字体设计、抠图、合成、特效、人像精修、产品精修、海报制作等多个方面。本书采用 25 天学习法，设置实操案例、小知识等多个特色模块，并配有学习视频，以帮助读者轻松掌握 Photoshop 的使用技巧。

本书分为基础篇、进阶篇、实战篇三部分，共 25 章，需 25 天、50 个小时的学习时长。

基础篇：主要讲解软件的基本知识，包括面板介绍、新建、打开、智能对象等 Photoshop 软件的专业术语和功能名称解释等，以及简单的图片编辑处理。本部分包括 12 章，需要 12 天、共计 24 小时的学习时长。通过这一部分的学习，读者可以掌握 Photoshop 专业术语，并能够对图片进行简单的编辑处理。

进阶篇：主要讲解图像的处理、多种调色命令、抠图方法、滤镜使用等。本部分包括 7 章，需要 7 天、共计 14 小时的学习时长。通过这一部分的学习，读者可以掌握 Photoshop 较为复杂的处理方法，基本掌握 Photoshop 软件。

实战篇：主要针对诸多案例进行详细的拆解分析，提供设计思路，讲解如何在不同情况下组合使用相关工具。本部分包括 6 章，需要 6 天、共计 12

小时的学习时长。学完实战篇，读者将熟练掌握 Photoshop 软件。

　　本书的视频教程通过屏幕录像、图表演示、旁白讲解等多种方式，对书中的内容进行详细讲解，方便读者学习，以获得极佳的学习体验。读者可扫描封面勒口处的二维码免费获取本书视频教程和全部练习素材。

目 录

1

3

>> 基础篇

第 1 天 熟悉界面的基本操作

1.1 界面介绍

本节主要介绍 Photoshop 的界面。界面由菜单栏、工具栏、选项栏、工作区和面板区等组成，如图 1-1-1 所示。

文件(F) 编辑(E) 图像(I) 图层(L) 文字(Y) 选择(S) 滤镜(T) 3D(D) 视图(V) 窗口(W) 帮助(H)
菜单栏
自动选择： 图层 显示变换控件
未标题-1 @ 33.3%(RGB/8#)
选项卡
选项栏
颜色 色板 渐变 图案
工作区
面板区
属性
文档
画布
W 800 像素
H 800 像素
分辨率：72 像素/英寸
工具栏
图层 通道 路径
33.33% 800 像素 x 800 像素 (72 ppi)

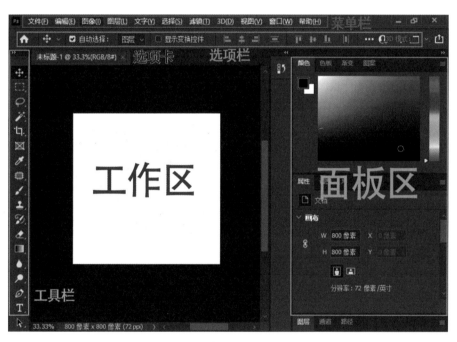

图 1-1-1

> 小知识：软件版本不同，界面也会有些许差异。Photoshop 每个版本界面和大部分功能都是相通的，不影响使用。

名词解释

菜单栏 如图 1-1-2 所示，界面最上面第一行是 Photoshop 的菜单栏，包括“文件”“编辑”“图像”“文字”等菜单，通过点击菜单中的命令可以实现对图片的快速编辑。

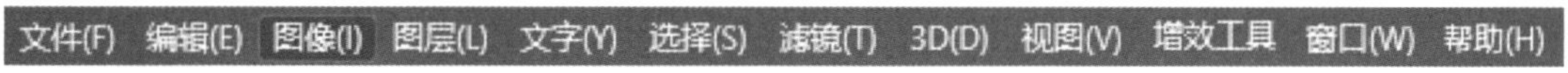

文件(F) 编辑(E) 图像(I) 图层(L) 文字(Y) 选择(S) 滤镜(T) 3D(D) 视图(V) 增效工具 窗口(W) 帮助(H)

图 1-1-2

工具栏 如图 1-1-3 所示，界面最左面是 Photoshop 的工具栏，接下来的课程中会对每个工具进行讲解，包括每个工具的作用和使用方法，以及在实际操作中如何选择工具，快速做出合适的图片。

选项栏 图 1-1-4 所示的是 Photoshop 的选项栏，它是对应工具栏里的工具来变化的。

例如，如图 1-1-5 所示，用鼠标左键点击工具栏中的"移动工具"，选项栏中就显示移动工具对应的参数，此时就可以进行移动工具的基本操作。

图 1-1-4

图 1-1-3

图 1-1-5

选项卡 图 1-1-6 所示的是 Photoshop 的选项卡。在 Photoshop 面板中打开一张图片或者新建文档时，就会创建一个文档。如果同时打开多个图片或者新建多个文档时，这些文档会依次排列在选项卡中，点击文档名称即可切换到需要操作的窗口。

| 未标题-1 @ 100%(RGB/8#) × | 未标题-2 @ 100%(RGB/8#) × | 3.jpg @ 100%(RGB/8#) × |

图 1-1-6

如果某个文档不需要了，用鼠标左键点击"×"关闭即可。

工作区 图 1-1-7 所示的是 Photoshop 的工作区，可以在这里进行编辑操作。

面板区 图 1-1-8 所示的是 Photoshop 的面板区。这个区域是由各种面板共同组成，一般会放在界面最右侧。常用面板有"图层""属性""历史记录""路径"等。

如果在你的 Photoshop 界面没有对应面板，可以点击"窗口"找到对应的面板，调出来，如图 1-1-9 所示。

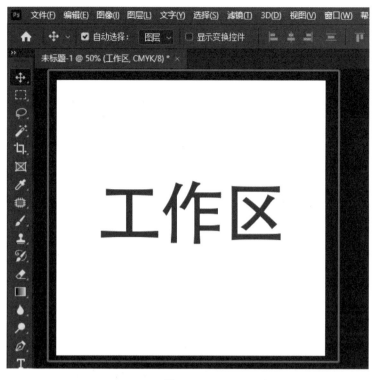

图 1-1-7

图 1-1-8

图 1-1-9

1.2 新建

启动 Photoshop 后，点击左上角菜单栏的"文件"，选择"新建"，如图 1-2-1 所示；或按下快捷键"Ctrl+N"（Windows 系统），如图 1-2-2 所示；或按下快捷键"cmd+N"（苹果系统），如图 1-2-3 所示，会出现图 1-2-4 所示界面。

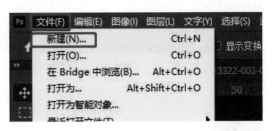

图 1-2-1

图 1-2-2

图 1-2-3

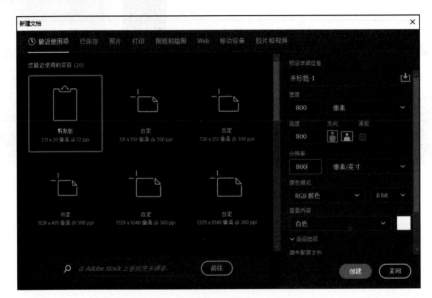

图 1-2-4

✎ 小知识：Windows 系统 Ctrl 对应苹果 macOS 系统 Command（图 1-2-5）。

图 1-2-5

图 1-2-6 中的 Photoshop 版本较低，与图 1-2-7 中的面板不太一样，但只要数值输入一致，就不影响操作。

高版本的 Photoshop 预设了一些常见的标准尺寸，如图 1-2-7 所示。比如点击"照片"即可以看到下方面板有标准的空白文档预设，需要哪个尺寸，用鼠标左键单击，点"创建"即可。也可以自己预设常用尺寸。

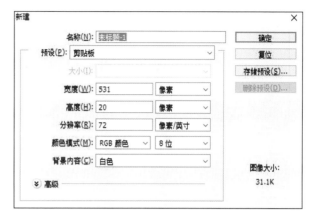

图 1-2-6

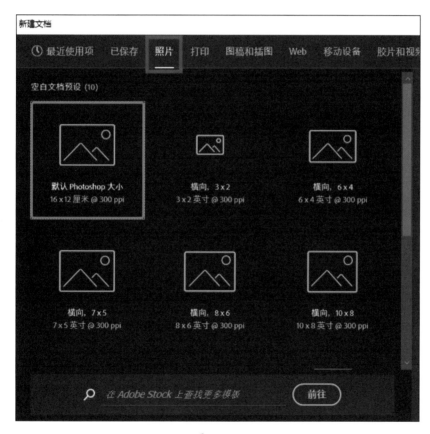

图 1-2-7

实操案例

新建一个宽度为 800、高度为 800、单位为像素、分辨率为 72、颜色模式为 RGB、背景色为白色的文档。

第一步：用鼠标左键点击菜单栏"文件"，选择"新建"，或按下快捷键"Ctrl+N"（Windows 系统），或按下快捷键"Command+N"（苹果系统），会出现面板。

第二步：输入数值，如图 1-2-8 所示；然后点击"创建"，即可出现如图 1-2-9 所示的文档。

图 1-2-8

图 1-2-9

名词解释

像素 像素（图 1-2-10）是构成数字图像的基本单元。图像中像素的数目越多，画面越清晰，如图 1-2-11 所示。

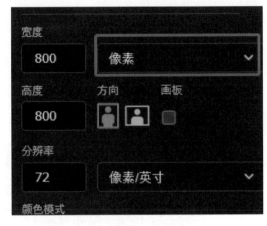

图 1-2-10

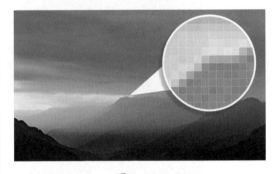

图 1-2-11

分辨率 图像的分辨率是指单位英寸中所包含的像素点数，所以分辨率决定了位图图像细节的精细程度。在通常情况下，图像的分辨率越高，它包含的像素就越多，图像就会更加清晰，印刷的质量也就会更好，但同时也会增加文件占用的存储空间。如图 1-2-12 所示。

图 1-2-12

颜色模式 Photoshop 新建文档中的颜色模式有五种,分别是"位图""灰度""RGB颜色""CMYK 颜色""Lab 颜色",如图 1-2-13 所示。我们平时主要用的是"RGB颜色"和"CMYK 颜色"。

图 1-2-13

RGB 颜色 RGB 颜色是 Photoshop 中最常用的一种颜色模式,RGB 颜色模式下显示的图像颜色鲜艳。RGB 颜色模式主要是由 R(红)、G(绿)、B(蓝)这三种基本色相叠加来配色(图 1-2-14),并且组成了红、绿、蓝三种颜色通道。网页显示的图片一般都是 RGB 颜色。

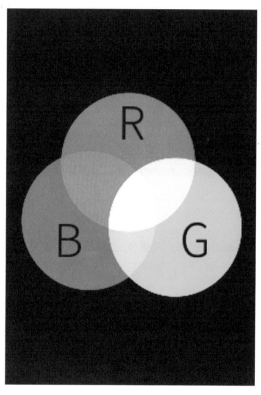

图 1-2-14

CMYK 颜色 CMYK 颜色也是 Photoshop中常用的一种颜色模式,主要用于印刷。CMYK 模式主要是由 C(青)、M(洋红)、Y(黄)、K(黑)这四种颜色相减来配色的,所以它也组成了青、洋红、黄、黑四个通道。

背景内容 如图 1-2-15 所示，背景内容可以选择白色、黑色、背景色，也可以选择透明，还可以自定义颜色，具体的操作在后文中有详细讲解。

图 1-2-15

小知识：以像素为单位时，需要指定固定的分辨率，例如网页图片，一般分辨率为 72，颜色模式为 RGB，单位为像素。

以厘米为单位时，例如传单、名片等需要印刷的图片的制作，一般分辨率为 300，颜色模式为 CMYK。

每英寸像素是 72，1 英寸等于 2.54 厘米，通过换算，1 厘米约等于 28 像素。比如，2 厘米 ×2 厘米的图片，等于 56 像素 ×56 像素。

1.3 打开

"打开"命令使用方法：启动 Photoshop 后，在 Photoshop 界面的左上角点击"文件"菜单，选择"打开"，如图 1-3-1 所示。

图 1-3-1

也可以按下快捷键"Ctrl+O"打开，如图 1-3-2 所示。

图 1-3-2

执行"打开"命令后，将弹出"打开文档"窗口，如图 1-3-3 所示。

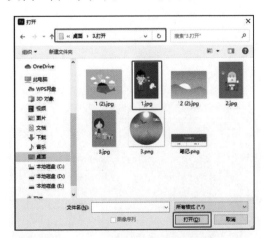

图 1-3-3

例如，选择打开文件夹中的素材图片 1，点击"打开"，就可以将图片 1 打开。

1.4 拖图

首先启动 Photoshop 软件，尽量在移动工具状态下操作，这样方便后期移动图片，如图1-4-1所示。

图 1-4-1

先用鼠标左键点击素材图片5，按住鼠标左键不松手，如图1-4-2所示。

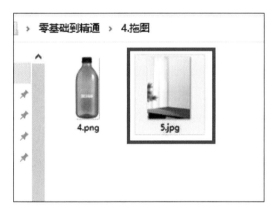

图 1-4-2

把图片拖到 Photoshop 图标上等待3秒钟，如图1-4-3所示，Photoshop 界面会打开，把图片放进去，这时再松开鼠标左键，即可打开图片。

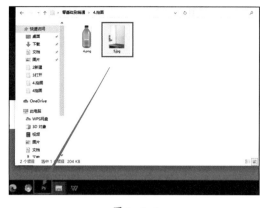

图 1-4-3

实操案例1

在已经打开的图片中再打开一个图片

在已经打开的图片5中再打开图片4。

第一步：用鼠标左键点击素材图片4，按住鼠标左键不松手。

第二步：拖动素材图片4至 Photoshop 图标上，如图1-4-4所示；会出现图片5的界面；按鼠标左键拖动图片4到图片5的界面后松开鼠标，图片4周围有一个交叉的边框，如图1-4-5所示。

图 1-4-4

图 1-4-5   图 1-4-6

第三步：按住鼠标左键拖动调整边框，让图片 4 变小，再按键盘上的"Enter（确认）"键或点击选项栏中的"√"置入，如图 1-4-6 所示。

实操案例 2

把画板 2 上的瓶子拖入画板 1

第一步：打开素材图片 11，如图 1-4-7 所示，会出现画板 2。

图 1-4-7

第二步：用鼠标左键点击选中瓶子，按住鼠标左键拖动瓶子到画板1选项卡，如图1-4-8所示。等待3秒钟，画板1出现。

图 1-4-8

第三步：把瓶子放在画板1的图片上，等待2秒钟，然后松开鼠标，图片11即被拖入画板1，如图1-4-9所示。

图 1-4-9

1.5 缩放、平移

启动 Photoshop 程序后，点击"文件"菜单栏里的"打开"，打开一张素材图片，如图1-5-1所示。

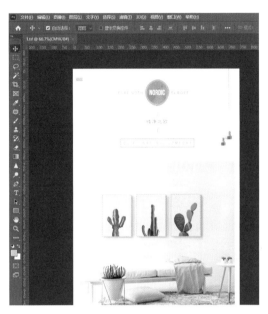

图 1-5-1

打开之后，图片又细又长，看不清细节。要看细节可以按下快捷键"Ctrl++"，如图1-5-2所示，这时图片即可放大，如图1-5-3所示。

图 1-5-2

图 1-5-3

　　如果要缩小图片，可以按下快捷键"Ctrl+-"，如图 1-5-4 所示；这时图片即可缩小，如图 1-5-5 所示。

图 1-5-4

　　如果图片放大之后，需要查看的部分被挡住了，就需要对图片进行平移。用鼠标左键点击图片，不松手，拖动鼠标即可移动图片。要把变大后的图片恢复原图大小，按下快捷键"Ctrl+1"即可。

图 1-5-5

1.6 智能对象

🖱 实操案例

启动 Photoshop，准备素材图片 1 和图片 2，如图 1-6-1 所示。

图 1-6-1

打开图片 1，如图 1-6-2 所示；选中图片 2，拖入图片 1 的画布中。

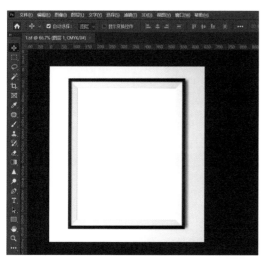

图 1-6-2

把鼠标放在图片 2 中 90° 直角的位置，如图 1-6-3 所示；按住鼠标左键不松手，同时拖动鼠标，这样图片就可以改变大小。调整好位置，按下"Enter"键或者打"√"，图片 2 即可被置入图片 1 中，如图 1-6-4 所示。

图 1-6-3

图 1-6-4

如果想再次改变图片 2 的大小，按下快捷键"Ctrl+T"即可继续更改操作。

小知识：1.如果 Photoshop 版本低于 2019 版，需要同时按住 Shift 键，按住鼠标左键不松手，拖动鼠标才能等比例放大、缩小。高于 2019 版本则不需要同时按住 Shift 键。

2.如果图片 2 拖进去后没有出现交叉的线，则需要按住快捷键"Ctrl+T"，待交叉的线出现，如图 1-6-5 所示，图片即可放大、缩小。

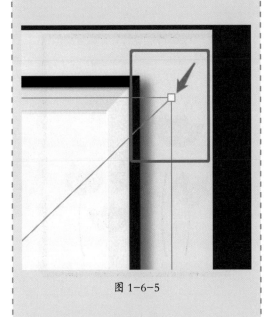

图 1-6-5

3.Windows 系统 Shift 键对应苹果 macOS 系统↑键。

名词解释

智能对象 智能对象可以对图层执行非破坏性编辑。我们在使用 Photoshop 过程中经常会遇到这样的情况：把某个图层上的图片缩小后再拉大，图片就会变模糊。如果将图片提前转变成智能对象，无论图片变大还是缩小，在不超出原图大小

的情况下都不会模糊，始终和原图效果一样。

编辑智能对象的操作步骤：确定好图像大小后，点击鼠标右键，点击"栅格化图层"，即可对图片进行编辑操作，如图 1-6-6 所示。

图 1-6-6

1.7 存储为（A）

存储为（A）分为 Photoshop 格式和 JPEG 格式等。

Photoshop 格式文件是指 Photoshop 软件的原始文件，存储为 Photoshop 格式，方便后续修改，俗称"源文件"。

JPEG 格式文件是指图像格式文件，在日常生活、商业等用途中一般都存储为 JPEG 格式文件。

实操案例

Photoshop 文件存储方法

第一步：在桌面点击鼠标右键，新建文件夹并命名，例如命名为"欣然"，如图 1-7-1 所示。

图 1-7-1

第二步：启动 Photoshop，打开素材图片 1，如图 1-7-2 所示。

图 1-7-2

第三步：选中"背景"图层，按下快捷键"Ctrl+J"，会出现名为图层 1 的图层，如图 1-7-3 所示。

图 1-7-3

第四步：点击"文件"里面的"存储为（A）"，如图 1-7-4 所示，会弹出存储画板，如图 1-7-5 所示。

图 1-7-4

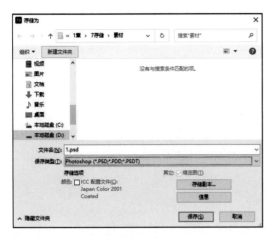

图 1-7-5

第五步：修改文件名为"欣然 1"，如图 1-7-6 所示。

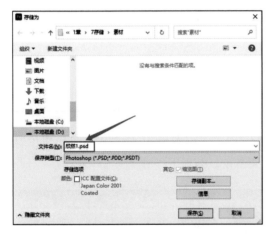

图 1-7-6

第六步：点开"保存类型"，选择 Photoshop 格式，如图 1-7-7 所示。

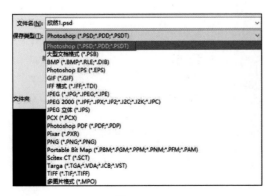

图 1-7-7

第七步：用鼠标左键点击"桌面"，找到文件夹"欣然"，如图 1-7-8 所示。

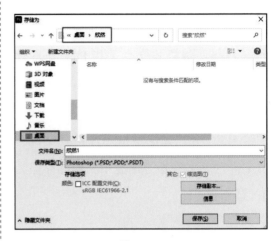

图 1-7-8

第八步：用鼠标左键点击"保存"，如图 1-7-9 所示，完成存图。

图 1-7-9

在电脑桌面找到文件夹"欣然"，双击打开，即可看到源文件"欣然 1"，如图 1-7-10 所示。

欣然1.psd

图 1-7-10

如果需要存储为 JPEG 格式，在"保存类型"中选择"JPEG"即可。

用鼠标左键点击"桌面"，找到文件夹"欣然"，如图 1-7-11 所示，用鼠标左键点击"保存"，完成存图。

在电脑桌面找到文件夹"欣然"，双击打开即可看到图片"欣然 1"，如图 1-7-12 所示。

欣然1.jpg

图 1-7-12

小知识：PSB 是大型文件格式，此格式用于文件大小超过 2G 的文件。

TIFF 是比较灵活的图像格式，此格式支持 256 色、24 位真彩色、32 位色、48 位色等多种色彩位，也支持 RGB、CMYK 等多种色彩模式。

1.8 存储为 Web 所用格式

Web 格式是指 Web（网络）上使用的图片格式，Web 格式文件占用空间小。

Web 格式图片分为 GIF、JPEG、PNG-8、PNG-24、WBMP 五种。

GIF 属于动态图像格式，常见的表情包图片都是此格式。

JPEG 属于常用图片格式。"存储为（A）"提到的 JPEG 格式和此 JPEG 格式文件的区别在于后者所占用内存要小很多。一般要传到网页上的图片都会存储为 Web 格式，这样节约空间，可以加快打开网页的速度。

PNG-8 和 PNG-24 属于透明图格式，通常抠完图会存透明图，方便更换背景。PNG-8 和 PNG-24 的区别在于前者图片品质低，后者图片品质高。

WBMP 是一种移动计算机设备使用的标准图像格式，只包含白色和黑色像素，且不能过大。

这五种图片格式，可根据具体需要进行存储，常用的格式是 JPEG、PNG-24、GIF。

实操案例

第一步：打开 Photoshop 界面，点击"文件"，依次选择"导出""存储为 Web 所用格式（旧版）"，如图 1-8-1 所示，会出现图 1-8-2 所示画板。

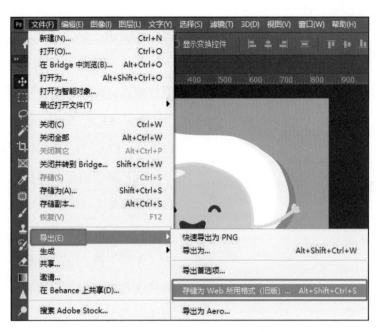

图 1-8-1

图 1-8-2

第二步：用鼠标左键点开图 1-8-3 所示的对话框，会出现 GIF/JPEG/PNG-8/PNG-24/WBMP 这五个格式，根据需要进行选择，并存储。

图 1-8-3

第三步：修改"文件名"，例如改成"欣然2"，如图1-8-4所示；"格式"选择"仅限图像"，再依次选择"桌面""欣然"，双击鼠标左键打开文件夹后，点击"保存"。

图 1-8-4

如出现图1-8-5所示的情况，可以忽略，点击"确定"即可。

图 1-8-5

上述操作也可以用快捷键实现。存储为Web快捷键：

Windows系统快捷键，如图1-8-6所示。

图 1-8-6

苹果系统快捷键，如图1-8-7所示。

图 1-8-7

小知识：1.若源文件无法预览图片内容，可以安装看图软件进行查看。

2.若用其他版本Photoshop，文件存储为Web所用格式，则不用点"导出"，如图1-8-8所示。

图 1-8-8

第 ② 天
学会一键对齐及选框

2.1 移动及自动选择

在作图过程中，我们经常要用到移动及自动选择工具来移动和编辑图片大小。

移动图层的操作步骤：

启动 Photoshop，拖入图片后，选择工具栏里的"移动工具"，如图 2-1-1 所示；在"自动选择"前打"√"，选择"图层"。

图 2-1-1

按住鼠标左键，移动鼠标，弹出图 2-1-2 所示对话框，提示"无法移动背景图层"。

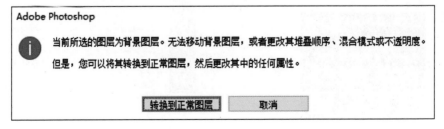

图 2-1-2

检查图层，发现"背景"图层上有锁，如图 2-1-3 所示。

图 2-1-3

双击鼠标左键解锁"背景"图层，在弹出的"新建图层"对话框中点击"确定"，如图 2-1-4 所示。

图 2-1-4

这时图层已解锁成功，如图 2-1-5 所示。

图 2-1-5

此时拖动图片即可进行移动，如图 2-1-6 所示。

图 2-1-6

也可以按住键盘上的上下左右键进行移动，如图 2-1-7 所示。

图 2-1-7

上述是移动图层的方法。在实际工作中，会产生大量图层，我们就需要给图层进行建组。

1. 建立图片组

当有多个图层时，按住"Ctrl"键，用鼠标左键点击图层 2、图层 3、图层 4，如图 2-1-8 所示。

图 2-1-8

按下快捷键"Ctrl+G"会出现一个组，如图 2-1-9 所示。

2. 移动图层和组

选择工具栏里的"移动工具"，按照红框里的设置，在"自动选择"前打"√"，选择"组"，如图 2-1-10 所示。

选择组 1，这时再点击鼠标左键移动就可以移动整组图片，也可以按住键盘上的上下左右键进行移动。

图 2-1-9

图 2-1-10

2.2 自动对齐

自动对齐工具是对杂乱图片进行快速整理必备的工具之一。

（🖱）**实操案例**

自动对齐

打开 Photoshop 界面，新建一个画板：宽度为 800、高度为 800、单位为像素、分辨率为 72、颜色模式为 RGB。

用鼠标左键点击"移动工具"，如图 2-2-1 所示，会显示顶对齐、左对齐、右对齐、垂直居中对齐等。

图 2-2-1

第一步：把所需图片拖入 Photoshop 中，如图 2-2-2 所示。

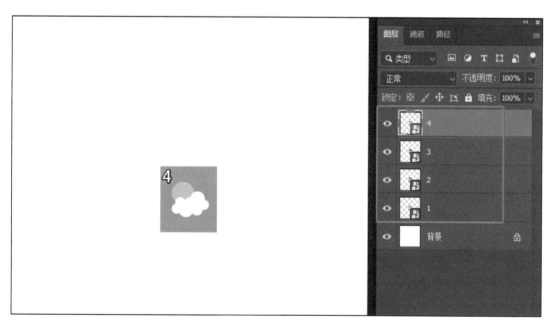

图 2-2-2

第二步：用鼠标左键点击移动工具，在选项栏点击"自动选择""图层"，单击鼠标左键把图片移动到图 2-2-3 所示的位置即可。

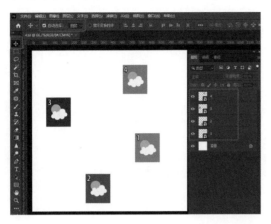

图 2-2-3

第三步：用鼠标左键点击图片 1 图层，按住 "Ctrl" 键，再用鼠标左键点击图片 2 图层、图片 3 图层、图片 4 图层，选中这 4 个图层，如图 2-2-4 所示。

图 2-2-4

第四步：鼠标左键点击左对齐图标，如图 2-2-5 所示，图片会自动排列成左对齐的效果。

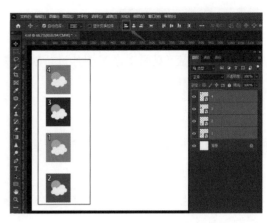

图 2-2-5

第五步：用鼠标左键点击垂直分布图标，如图 2-2-6 所示，图片就会呈现等间距排列的效果，如图 2-2-7 所示。

图 2-2-6

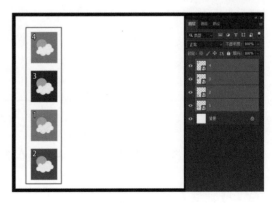

图 2-2-7

2.3 辅助线对齐

辅助线对齐是排版必备技能，可辅助我们把图片排列得更精确到位。

⏺ **实操案例**

辅助线对齐

第一步：进入Photoshop界面，选择"移动工具"，把所需图片拖入Photoshop中，如图2-3-1所示。

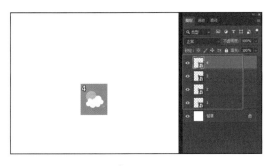

图 2-3-1

第二步：在移动工具的状态下，鼠标左键点击标尺位置，如图2-3-2所示。如果没有显示标尺，按下快捷键"Ctrl+R"即可显示。

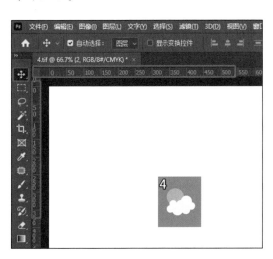

图 2-3-2

第三步：用鼠标左键点击标尺位置不松手，拖动鼠标即可拖出一条参考线，如图2-3-3所示。如果想要更多参考线，可用同样方法多拖几次。如果需要删除参考线，可点击鼠标左键选中参考线再拖回去。

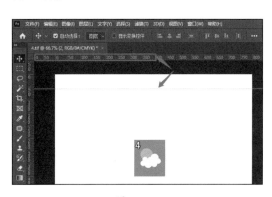

图 2-3-3

第四步：用鼠标左键将相对应的图片拖动到参考线的位置，如图2-3-4所示，这样就完成了辅助线对齐。

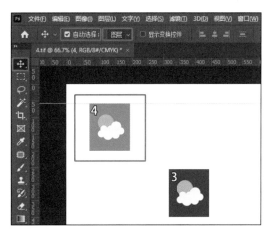

图 2-3-4

其他图片可用同样方法移动到参考线的位置，来实现辅助线对齐，如图 2-3-5 所示。

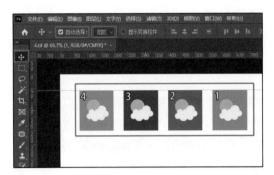

图 2-3-5

小知识：辅助线的单位是可以调整的。如图 2-3-6 所示，点击鼠标右键，即可看到单位有像素、英寸、厘米、毫米、点、派卡、百分比，再点击需要的单位即可。

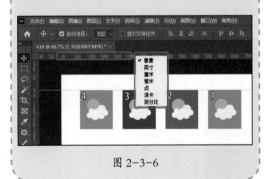

图 2-3-6

2.4 自由变换

自由变换工具主要用于图片自由调整方向和大小比例等。

实操案例

自由变换

第一步：启动 Photoshop，打开一张图片，找到背景图层，如图 2-4-1 所示。

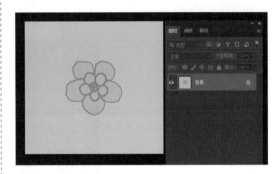

图 2-4-1

第二步：双击鼠标左键，即可解锁"背景"图层。

第三步：按下快捷键"Ctrl+T"，如图 2-4-2 所示。点击鼠标左键拖动图片 90° 拐角处，如图 2-4-3 所示，会出现双向箭头的图标。

图 2-4-2

将图片缩小到想要的大小，也可旋转到想要的角度，点击"Enter"键，如图2-4-4所示。

图 2-4-3   图 2-4-4

实际操作中会默认"显示变换控件"，造成操作不方便，这需要我们手动把"显示变换控件"关闭。

将图片拖入 Photoshop，在"显示变换控件"前打"√"后，无论点击哪张图片，图片的边角处都会一直存在框，如图2-4-5所示。把"显示变换控件"前面的"√"点掉，就不会再显示变换控件。

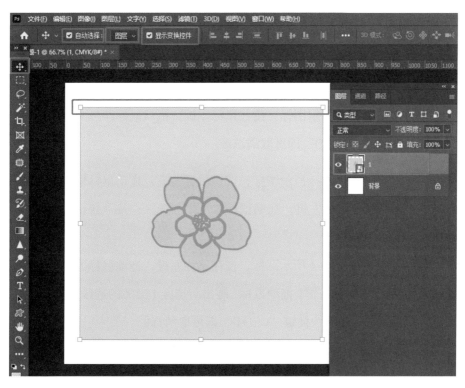

图 2-4-5

2.5 选框

　　"选框"工具用于选中的操作区域。我们可以对选中的区域进行删除、复制、区域调色、填充等操作。

　　"选框"工具包括矩形选框工具、椭圆选框工具、单行选框工具、单列选框工具。

　　选框工具的选项栏如图 2-5-1 所示。

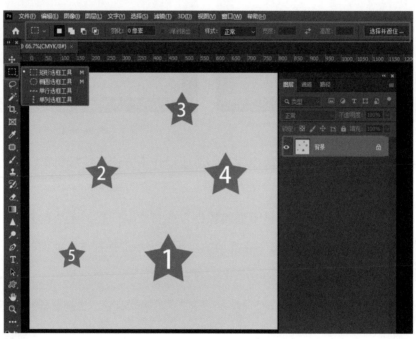

图 2-5-1

🔗 名词解释

　　新选区 点击图 2-5-2 所示图标，按住鼠标左键，拖动鼠标即可画出新选区；按下快捷键"Ctrl+D"即可取消选区。

图 2-5-2

　　添加到选区 点击图 2-5-3 所示图标，按住鼠标左键，拖动鼠标即可画出新选区；继续按住鼠标左键，拖动鼠标即可增加选区；按下快捷键"Ctrl+D"即可取消选区。

图 2-5-3

　　从选区减去 点击图 2-5-4 所示图标，按住鼠标左键，拖动鼠标即可画出选区 1；继续按住鼠标左键，拖动鼠标，画出与选区 1 交叉的选区，交叉区域选区即可减去；按下快捷键"Ctrl+D"即可取消选区。

图 2-5-4

　　与选区交叉 点击图 2-5-5 所示图标，按住鼠标左键，拖动鼠标即可画出选区 1；继续按住鼠标左键，拖动鼠标画出与选区 1 交叉的选区，即可只保留交叉区域选区；按下快捷键"Ctrl+D"即可取消选区。

图 2-5-5

如果选框工具不全，可以进行设置：点击"编辑"，选择"工具栏"，如图2-5-6所示。

图 2-5-6

在弹出的窗口中用鼠标左键依次点击"恢复默认值""完成"，如图2-5-7所示。

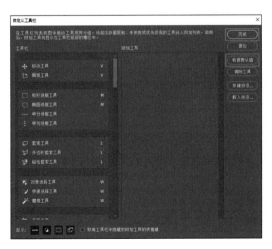

图 2-5-7

选框工具涉及的知识点比较多，我们通过以下案例进行学习。

实操案例 1

绘制矩形选框

第一步：启动 Photoshop，打开图片。

第二步：用鼠标左键点击矩形选框工具，按住鼠标左键并拖动，即可拖出矩形选区，如图2-5-8所示。按下快捷键"Ctrl+D"即可取消选区。

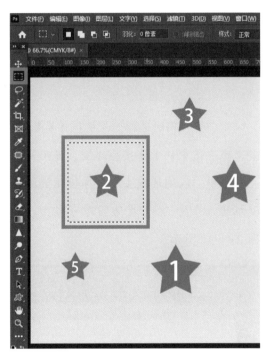

图 2-5-8

实操案例 2

练习选框工具选项栏里的"加选"和"减选"

第一步：拖动矩形框，选中1号星，若想同时选中2号星，可用鼠标左键选中"添加到选区"，这样就可以同时出现多个选区, 如图 2-5-9 所示。

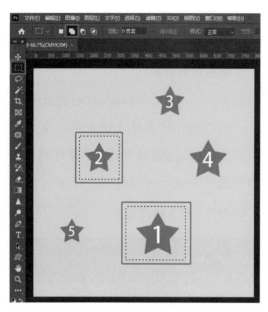

图 2-5-9

第二步: 同时选择 1 号星和 2 号星后, 若需减去选中的 1 号星的选框, 可用鼠标左键选中"从选区减去", 再按住鼠标左键框选 1 号星, 1 号星选区即可减去, 如图 2-5-10 所示。

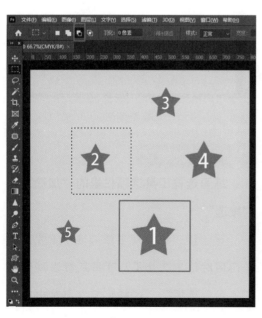

图 2-5-10

实操案例 3

用选框工具将图片 1 中的 3 号星删除

第一步: 用选框工具框选 3 号星, 如图 2-5-11 所示。

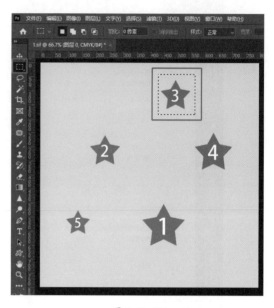

图 2-5-11

第二步: 用鼠标左键双击背景图层, 将背景图层解锁成图层的形式, 如图 2-5-12 所示。

图 2-5-12

第三步: 按下键盘上的"Delete"或"Backspace"键, 3 号星就被删除了, 如

图 2-5-13 所示。

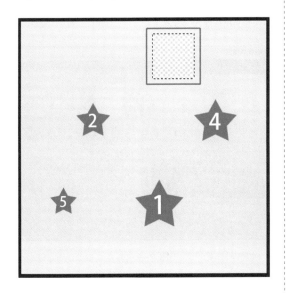

图 2-5-13

第四步：若不需要选区，按下快捷键"Ctrl+D"，即可取消选区。

实操案例 4

复制图片 1 中的 4 号星

第一步：用选框工具框住 4 号星，如图 2-5-14 所示。

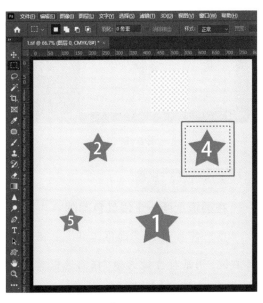

图 2-5-14

第二步：按下快捷键"Ctrl+J"即可出现图层 1，就复制了 4 号星，如图 2-5-15 所示。点击"移动工具"图标，即可移动位置。

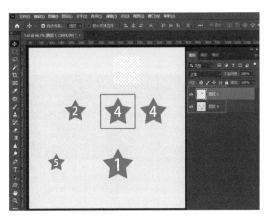

图 2-5-15

实操案例 5

在画板中绘制一个黄色正方形

第一步：选择"矩形选框工具"，按住鼠标左键画一个矩形框；若同时按住"Shift"键，即可画出一个正方形选框，如图 2-5-16 所示。

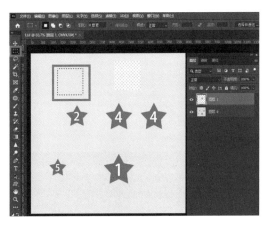

图 2-5-16

第二步：按下快捷键"Ctrl+Shift+N"新建一个图层，如图 2-5-17 所示，即可出现图层 2，如图 2-5-18 所示。

图 2-5-17

图 2-5-18

第三步：用鼠标左键点击"前景色"，如图 2-5-19 所示。

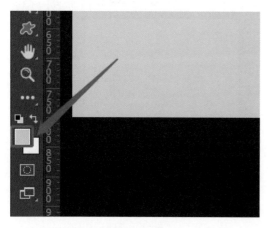

图 2-5-19

在拾色器选框中选择黄色，如图

2-5-20 所示；用鼠标左键点击"确定"，前景色即可改成黄色。

图 2-5-20

第四步：按下快捷键"Alt+Delete"或"Alt+Backspace"填充，如图 2-5-21 所示；再按下快捷键"Ctrl+D"取消选区，黄色正方形绘制完成。

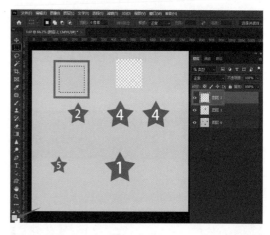

图 2-5-21

实操案例 6

在画板上画一个浅红色圆圈

第一步：选择"选框工具"，点击鼠标右键，用鼠标左键选择"椭圆选框工具"。按住鼠标左键画一个椭圆选框，若同时按住"Shift"键，即可画出一个正圆选框，如图 2-5-22 所示。

图 2-5-22

第二步：按下快捷键"Ctrl+Shift+N"新建一个图层，如图 2-5-23 所示。

图 2-5-23

第三步：用鼠标左键点击前景色，在拾色器选框中选择浅红色，如图 2-5-24 所示；用鼠标左键点击"确定"，前景色即可改成浅红色。

图 2-5-24

第四步：按下快捷键"Alt+Delete"或"Alt+Backspace"填充，再按下快捷键"Ctrl+D"取消选区，浅红色的圆圈绘制完成，如图 2-5-25 所示。

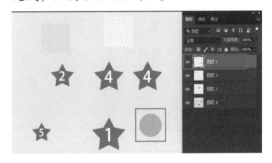

图 2-5-25

实操案例 7

把选区进行反选填充

第一步：选择"选框工具"，点击鼠标右键，选择"椭圆选框工具"；按住鼠标左键画一个椭圆选框，如图 2-5-26 所示。

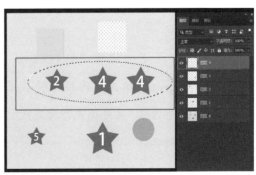

图 2-5-26

第二步：按下快捷键"Ctrl+Shift+N"新建一个图层。

第三步：按下快捷键"Ctrl+Shift+I"反选选区，如图 2-5-27 所示。

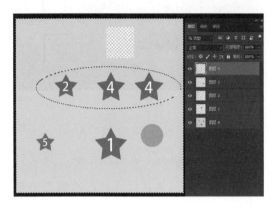

图 2-5-27

第四步：用鼠标左键点击前景色，在拾色器选框中选择绿色，如图 2-5-28 所示；用鼠标左键点击"确定"，前景色即可改成绿色。

图 2-5-28

第五步：按下快捷键"Alt+Delete"或"Alt+Backspace"填充，再按下快捷键"Ctrl+D"取消选区，反选填充即可完成，如图 2-5-29 所示。

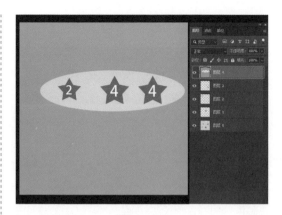

图 2-5-29

实操案例 8

羽化选区

第一步：选择"矩形选框工具"，按住鼠标左键画一个矩形选框，如图 2-5-30 所示。

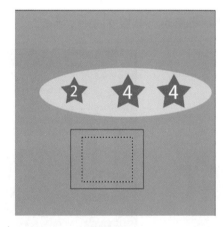

图 2-5-30

第二步：按下快捷键"Shift+F6"，羽化半径的数值输入 10，用鼠标左键点击"确定"，如图 2-5-31 所示。

图 2-5-31

第三步：用鼠标左键点击前景色，在拾色器选框中选择蓝色，如图 2-5-32 所示，用鼠标左键点击"确定"，前景色即可改成蓝色。

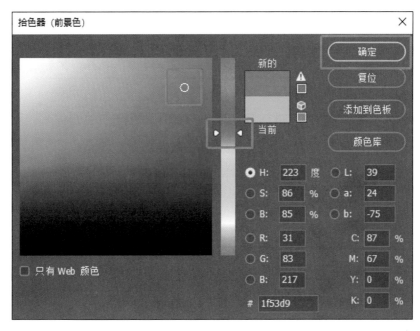

图 2-5-32

第四步：按下快捷键"Alt+Delete"或"Alt+Backspace"填充，再按下快捷键"Ctrl+D"取消选区，羽化填充即可完成，如图 2-5-33 所示，可见蓝色矩形边缘比较柔和（羽化数值越大，边缘越柔和）。

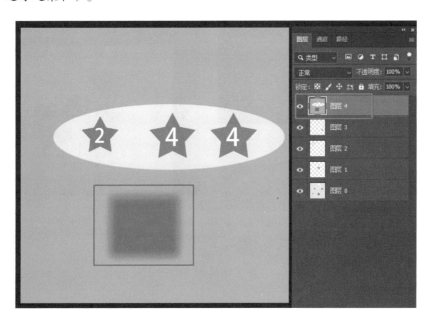

图 2-5-33

第 ③ 天
学会抠图及字体设计

我们常用套索工具来抠图、进行字体设计、对图片进行局部处理等。

套索工具包括套索工具、多边形套索工具、磁性套索工具。本部分内容我们主要学习用套索工具抠图和用多边形套索工具做字体设计，磁性套索工具应用较少，了解即可。

3.1 套索工具

我们通过下列案例来学习如何使用套索工具进行抠图。

实操案例 1

用套索工具复制花朵 1

第一步：启动 Photoshop, 打开素材图片 1。

第二步：用鼠标右键点击"套索工具"图标，并用鼠标左键选择"套索工具"，如图 3-1-1 所示。

图 3-1-1

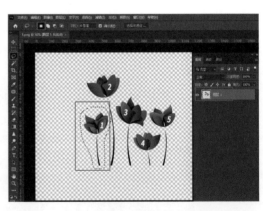

图 3-1-2

按住鼠标左键，移动鼠标把花朵 1 圈起来，如图 3-1-2 所示。

第三步：用鼠标左键点击图层 1，按下快捷键"Ctrl+J"，出现图层 2，如图 3-1-3 所示。

图 3-1-3

第四步：点击"移动工具"图标，移动图层 2，就可以看到复制出的花朵 1，如图 3-1-4 所示。

图 3-1-4

实操案例 2

用套索工具复制花朵 2、花朵 5

第一步：启动 Photoshop，打开素材图片 1。

第二步：用鼠标右键点击"套索工具"图标，选择"套索工具"，用鼠标左键点击选项栏里的"添加到选区"图标，如图 3-1-5 所示。

图 3-1-5

第三步：按住鼠标左键，移动鼠标分别把花朵 2、花朵 5 圈起来，如图 3-1-6 所示。

图 3-1-6

第四步：用鼠标左键点击图层 1，按下快捷键"Ctrl+J"，出现图层 2，如图 3-1-7 所示。

图 3-1-7

第五步：点击"移动工具"图标，移动图层 2，即可看到复制出的花朵 2 和花朵 5，如图 3-1-8 所示。

图 3-1-8

本案例讲解了套索工具的"添加到选区"功能。如果选择了"添加到选区"，可以圈出多个选区。

🖱 实操案例 3

用套索工具圈住花朵 1、花朵 2、花朵 3，然后减去花朵 2

第一步：启动 Photoshop，打开图片 1。

第二步：用鼠标右键点击"套索工具"图标，选择"套索工具"，用鼠标左键点击选项栏里的"添加到选区"图标，如图 3-1-9 所示。

图 3-1-9

第三步：按住鼠标左键，拖动鼠标把花朵 1、花朵 2、花朵 3 圈起来，如图 3-1-10 所示。

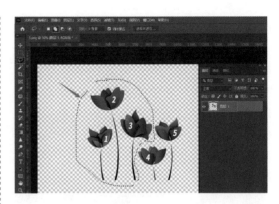

图 3-1-10

第四步：用鼠标左键点击选项栏里的"从选区减去"图标，如图 3-1-11 所示。

图 3-1-11

按住鼠标左键，移动鼠标把花朵 2 圈起来，即可减去花朵 2 选区，如图 3-1-12 所示。

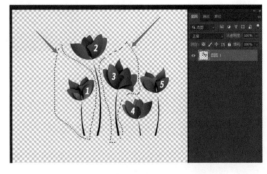

图 3-1-12

第五步：用鼠标左键点击图层 1，按下快捷键"Ctrl+J"，出现图层 2。

第六步：点击"移动工具"图标，移动图层 2，这样就能看到只复制出了花朵 1

和花朵 3，如图 3-1-13 所示。

图 3-1-13

本案例讲解了套索工具的"从选区减去"功能。如果选择了"从选区减去"，就可以把多余的选区去掉。

3.2 多边形套索工具

多边形套索工具常用于设计简单的字体、抠取线条类图片。我们通过下列案例来了解"多边形套索工具"的用途。

实操案例

用多边形套索工具抠出图片 1 中的图案

第一步：启动 Photoshop，打开图片 1。

第二步：用鼠标右键点击"套索工具"图标，用鼠标左键选择"多边形套索工具"；用鼠标左键点击选项栏里的"新选区"图标，如图 3-2-1 所示。

图 3-2-1

第三步：用鼠标左键选中"背景"图层，再用鼠标左键点击起点位置，然后依次点击 1、2、3、4、5……直到终点，再次点击起点，闭合选区，如图 3-2-2 所示。

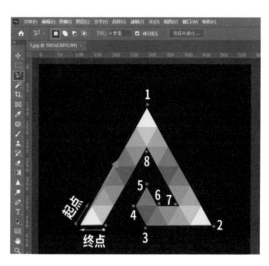

图 3-2-2

第四步：按下快捷键"Ctrl+J"，出现图层 1，如图 3-2-3 所示；点击"背景"图层小眼睛的图标，隐藏，即可完成抠图。

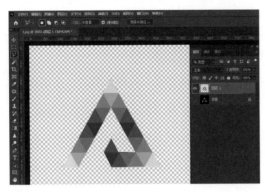

图 3-2-3

3.3 给照片加相框

我们可以使用套索工具给照片加相框。

🖱 实操案例

使用套索工具给照片加相框

第一步：启动 Photoshop，打开对应素材图片 2。

第二步：用鼠标右键点击"套索工具"图标，用鼠标左键选择"多边形套索工具"；用鼠标左键点击"新选区"，如图 3-3-1 所示。

图 3-3-1

第三步：用鼠标左键选中"背景"图层，再用鼠标左键依次点击 1、2、3、4，然后再点到起点 1 的位置，完成闭合选区，如图 3-3-2 所示。

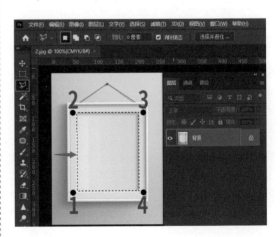

图 3-3-2

第四步：用鼠标左键双击"背景"图层，在弹出的对话窗中用鼠标左键点击"确定"，将背景层解锁成图层的形式，如图3-3-3所示。

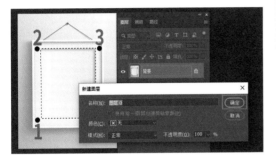

图 3-3-3

第五步：按下键盘上的"Delete"或"Backspace"键，选中的区域呈现透明状态，如图 3-3-4 所示。

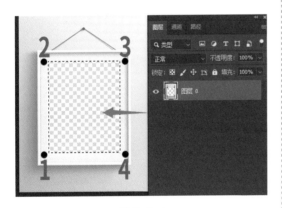

图 3-3-4

第六步：按下快捷键"Ctrl+D"，取消选区。

第七步：选中图片 3，拖入画布中，调整大小，如图 3-3-5 所示；按下"Enter"键。

图 3-3-5

第八步：按住鼠标左键选中图片 3 图层不松手，挪到图层 0 图层的下方，如图 3-3-6 所示。

图 3-3-6

第九步：按下快捷键"Ctrl+Shift+Alt+S"选择 JPEG 格式，完成保存。

3.4 用多边形套索工具进行字体设计

🖱 实操案例

用多边形套索工具把图片设计成"木"字

要求设计效果与图 3-4-1 所示类似。

第一步：启动 Photoshop，打开素材图片 3。

第二步：选择"多边形套索工具"，用鼠标左键点击选项栏里的"添加到选区"图标，如图 3-4-2 所示。

图 3-4-1

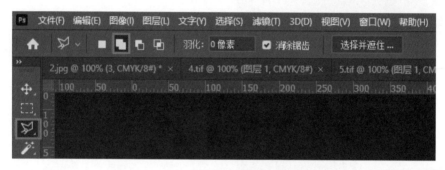

图 3-4-2

第三步：用鼠标左键选中"背景"图层。

第四步：用鼠标左键利用多边形套索工具画出形状 1，闭合选区；继续画形状 2，闭合选区，如图 3-4-3 所示。

第五步：将前景色改为黄色，按下快捷键"Alt+Delete"或"Alt+Backspace"，选区内即可变为黄色，如图 3-4-4 所示；按下快捷键"Ctrl+D"取消选区，即可完成。

注意：在设计字体的过程中可以通过"加选"或"减选"来修改字形。

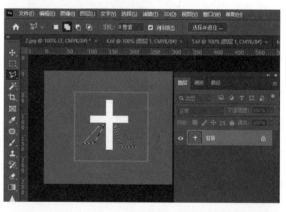

图 3-4-3

图 3-4-4

第 ④ 天
熟悉图层顺序与面板

4.1 图层顺序

我们通过案例了解图层顺序。

实操案例

图层顺序

第一步：启动 Photoshop，打开相应素材，如图 4-1-1 所示。

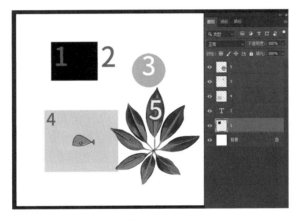

图 4-1-1

第二步：用鼠标左键点击"移动工具"图标，在"自动选择"前打"√"，选择"图层"，如图 4-1-2 所示。

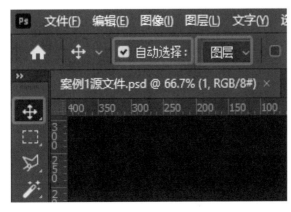

图 4-1-2

第三步：用鼠标左键点击素材图片 1，如图 4-1-3 所示。

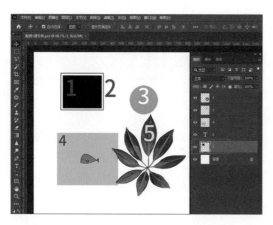

图 4-1-3

按住鼠标左键，拖动图片 1，发现无论怎么拖动，图片 1 都被其他数字或图片挡住。

观察图层面板，发现图层 1 在最下方，如图 4-1-4 所示。

图 4-1-4

第四步：要想把图片 1 图层放到文字 2 图层的上方，可用鼠标左键点击图片 1 图层，按住不松手，把图片 1 图层拖到文字 2 图层的上方后，再松开鼠标左键，如图 4-1-5 所示。

图 4-1-5

此时点击图片 1 并移动，发现数字 2 会被图片 1 盖住。这是因为图层排列顺序在上面的会被优先显示，如图 4-1-6 所示。

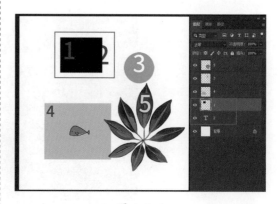

图 4-1-6

4.2 图层面板

启动 Photoshop,打开素材,我们来认识一下图层面板,如图 4-2-1 所示。

名词解释

类型 用鼠标左键点击"类型",它包括名称、效果、模式等。如果发现面板上图层少了,应检查该选项是不是"类型",如果不是,则改成"类型",如图 4-2-2 所示。

正常 该模式本书后面会详细讲解,在此调成"正常"即可,如图 4-2-3 所示。

不透明度 可通过设置不透明度的数值来调整图片的透明度。选中形状 4 图层,把不透明度调成 50%,形状 4 就会变成半透明,如图 4-2-4 所示。

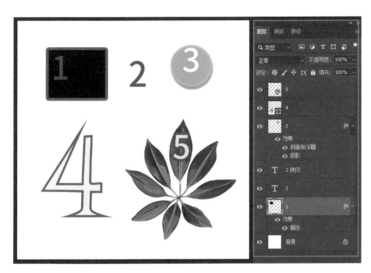

图 4-2-1

图 4-2-2

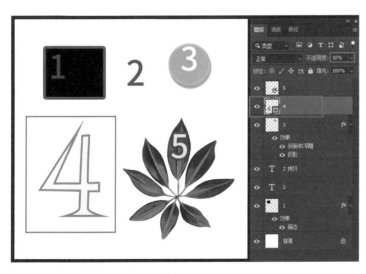

图 4-2-4

图 4-2-3

填充 选中形状 4 图层，把"填充"调整到 30%，形状 4 填充的黄色就会变浅黄色，而"描边"的颜色却没有改变，如图 4-2-5 所示。

删除图层 选中图片 1 图层，拖到面板右下角图 4-2-6 所示的位置，即可删除图片 1。

创建新图层 选中文字 2 图层，拖住文字 2 图层到面板右下角图 4-2-7 所示的位置，即可复制文字 2。同时，会多出一个文字 2 图层的拷贝图层，如图 4-2-8 所示。

图 4-2-7

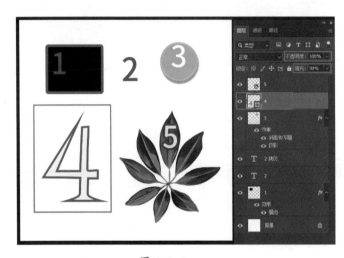

图 4-2-5

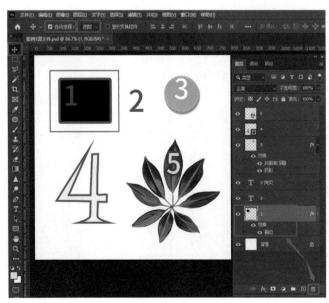

图 4-2-6

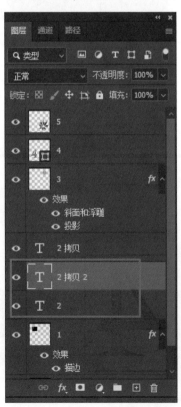

图 4-2-8

第 5 天
学会快速抠图工具

5.1 快速选择工具

快速选择工具的主要用途是抠取边缘清晰和背景有明显轮廓的图片。

快速选择工具和下节要讲解的魔棒工具的区别在于：快速选择工具可以手动控制选区，魔棒工具则可以自动选择选区。

快速选择工具选项栏，如图 5-1-1 所示。

图 5-1-1

名词解释

新选区 用鼠标左键每点一下就新建一个选区，如果多点等同于加选。

添加到选区（加选） 先点中选区，按住鼠标左键并拖动，可以自由增加选区。

从选区减去（减选） 可从已经选择的选区中去除不想要的部分。

选择主体 该功能对图片要求高，如果图片所抠区域边缘对比不强烈，选择的效果会不好，这时就需要对细节部分再进行处理。

选择并遮住 该功能主要用途是把需要的区域选出。

实操案例 1

抠盘子：利用快速选择工具把图片中的盘子抠出，并填充黄色背景

第一步：启动 Photoshop，打开素材图片。

第二步：选择"快速选择工具"。

第三步：用鼠标左键点击"添加到选区"图标，并调整画笔大小，如图 5-1-2 所示。

图 5-1-2

第四步：用鼠标左键点击盘子，按住鼠标左键不松手，拖动鼠标，即可选出盘子的选区，如图 5-1-3 所示。

图 5-1-3

第五步：按下快捷键"Ctrl+J"，把盘子图层复制出来，如图 5-1-4 所示；选择"背景"图层，如图 5-1-5 所示。

图 5-1-4

图 5-1-5

第六步：将前景色改成黄色，按下快捷键"Alt+Delete"或"Alt+Backspace"填充颜色，再按下快捷键"Ctrl+D"取消选区，即可完成，如图 5-1-6 所示。

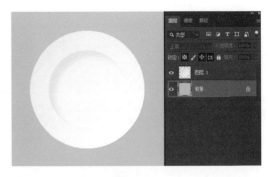

图 5-1-6

实操案例 2

抠卡通图：利用"快速选择工具——选择主体"把素材图片中的小狗抠出，并填充紫色背景

第一步：启动 Photoshop，打开素材图片。

第二步：选择"快速选择工具"。

第三步：在选项栏点击"选择主体"，如图 5-1-7 所示。这样，小狗的选区就被选出来了，如图 5-1-8 所示。

图 5-1-7

图 5-1-8

第四步：按下快捷键"Ctrl+J"，即可复制小狗图层，如图 5-1-9 所示。

图 5-1-9

第五步：选择"背景"图层，如图 5-1-10 所示。

图 5-1-10

第六步：将前景色改成紫色，按下快捷键"Alt+Delete"或"Alt+Backspace"填充颜色，如图 5-1-11 所示，即可完成。

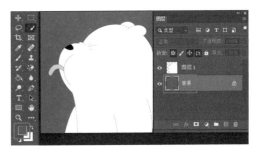

图 5-1-11

实操案例 3

抠人物发丝：利用"快速选择工具——选择并遮住"把头发丝抠出，并填充蓝色背景

第一步：启动 Photoshop，打开素材图片。

第二步：选择"快速选择工具"。

第三步：用鼠标左键点击选项栏中的"添加到选区"图标，如图 5-1-12 所示。

图 5-1-12

第四步：按住鼠标左键，拖动鼠标，把背景的选区选出来，如图 5-1-13 所示。

图 5-1-13

第五步：点击"选择并遮住"，如图5-1-14 所示。

图 5-1-14

第六步：视图改成"叠加"，点击"调整边缘画笔工具"图标，更改画笔大小，如图 5-1-15 所示。

图 5-1-15

第七步：在蓝色线框区域内，按住鼠标左键并拖动，擦头发丝边缘，把头发丝擦出来，如图 5-1-16 所示，按下键盘上"Enter"键。

图 5-1-16

第八步：按下快捷键"Ctrl+Shift+I"，选择人物选区，如图 5-1-17 所示。

图 5-1-17

第九步：按下快捷键"Ctrl+J"，复制人物图层，如图 5-1-18 所示。

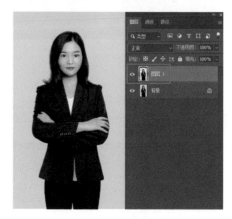

图 5-1-18

第十步：选择"背景"图层，将前景色改成蓝色，按下快捷键"Alt+Delete"或"Alt+Backspace"，填充颜色，如图 5-1-19 所示。

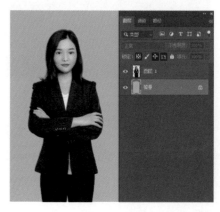

图 5-1-19

5.2 魔棒工具

魔棒工具的主要用途是抠取图像边缘清晰和背景有明显轮廓的图片。

魔棒工具选项栏如图 5-2-1 所示。

图 5-2-1

🔗 名词解释

取样点 主要功能是取样点像素的大小，1×1 就是 1 个像素，3×3 就是 3^2 个像素。

容差 容差值越大，选取的颜色范围就越大，此时比较相近的颜色就可以选上。例如，选择蓝色，容差值设置很大，浅蓝色就有可能被选上。

消除锯齿 该功能使边缘更顺滑。

连续 该功能选择图像颜色的时候，只能选择一个区域当中的颜色，不能跨区域选择。比如，一个图像中有几个相同颜色的矩形，互不相交，如果选择了"连续"，在一个矩形中选择，就只能选择一个矩形；如果没选择"连续"，则整张图片中的相同颜色的矩形都能被选中。

对所有图层取样 如果选择了"对所有图层取样"，整个图层当中相同颜色的区域都会被选中；如果不选择该功能，就只选中单个图层的颜色。

🖱 实操案例 1

抠盘子：利用魔棒工具把素材图片中的盘子抠出，并填充黄色背景

第一步：启动 Photoshop，打开素材图片。

第二步：选择"魔棒工具"。

第三步：在选项栏中选择"添加到选区"，取样大小选"取样点"，"容差"调整成 30，如图 5-2-2 所示。

第四步：用鼠标左键点击背景，如果背景没有被全部选择，就多次点击鼠标左键，直至全部选中背景，如图 5-2-3 所示。

图 5-2-2

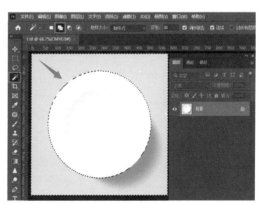

图 5-2-3

第五步：按下快捷键"Ctrl+Shift+I"，选中盘子的选区，如图 5-2-4 所示。

图 5-2-4

后续操作步骤同"5.1 快速选择工具"实操案例 1 中的第五步、第六步。

🖱 实操案例 2

抠卡通图：利用"魔棒工具——选择主体"抠出图片中的小狗，并填充紫色背景

第一步：启动 Photoshop，打开素材图片。

第二步：选择"魔棒工具"。

后续操作步骤同"5.1 快速选择工具"实操案例 2 中的第三步至第六步。

🖱 实操案例 3

抠人物发丝：利用"魔棒工具——选择并遮住"把头发丝抠出，并填充蓝色背景

第一步：启动 Photoshop，打开图片。

第二步：选择"魔棒工具"。

第三步：在选项栏中选择"添加到选区"，取样大小选"取样点"，"容差"调整成 30，如图 5-2-5 所示。

图 5-2-5

第四步：用鼠标左键点击背景，选择全部背景，如果背景没有被全部选择，可多次点击鼠标，直至背景被全部选择，如图 5-2-6 所示。

图 5-2-6

第五步：在选项栏点击"选择并遮住"，如图 5-2-7 所示。

图 5-2-7

后续操作步骤同"5.1 快速选择工具"实操案例 3 中的第六步至第十步。

第 6 天
熟悉操作切片工具

6.1 切片工具

切片工具的功能是把一张图片切分成若干张图片。

实操案例 1

切片工具的操作步骤

第一步：启动 Photoshop，打开素材图片 1。

第二步：选择"切片工具"，在选项栏将样式改成"正常"，如图 6-1-1 所示。

图 6-1-1

第三步：用鼠标左键点击图片左上角，不松手，拖动鼠标，切出画框 1，如图 6-1-2 所示。

第四步：重复多次切片，如图 6-1-3 所示。操作时要贴着上一个边框，如果留有空隙，切片出来会有空白页。

图 6-1-2

图 6-1-3

第五步：按下快捷键"Ctrl+Shift+Alt+S"，选择"JPEG"格式，点击"存储"，如图6-1-4所示。

图 6-1-4

第六步：选择"仅限图像"，点击"保存"，如图6-1-5所示。

图 6-1-5

图片即被分割成若干个，如图6-1-6所示。

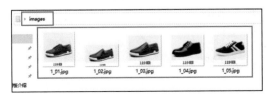

图 6-1-6

实操案例 2

利用切片选择工具，将图片等分成九宫格图片

第一步：启动 Photoshop，打开素材图片 2。

第二步：选择"切片选择工具"。

第三步：用鼠标左键点击"图片 2"，在选项栏点击"划分"，如图6-1-7所示。

图 6-1-7

第四步：将"水平划分为"前打"√"，数值输入 3；将"垂直划分为"前打"√"，数值输入 3，点击"确定"，如图6-1-8所示。

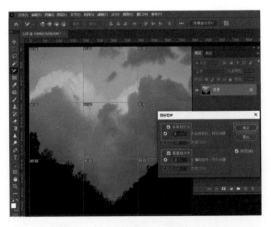

图 6-1-8

第五步：按下快捷键"Ctrl+Shift+Alt+S"，选择"JPEG"格式，点"存储"，如图6-1-9所示。

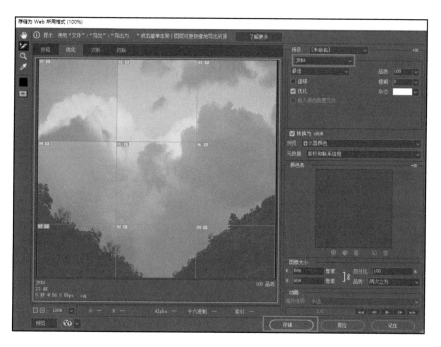

图 6-1-9

第六步：在弹出的对话框中，格式选择"仅限图像"，如图 6-1-10 所示。如出现图 6-1-11 所示警告，点击"确定"即可。

第七步：即出现九宫格的效果，如图 6-1-12 所示。

图 6-1-11

图 6-1-10

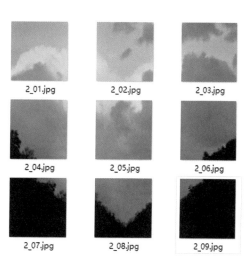

图 6-1-12

6.2 裁剪工具

裁剪工具的功能是对图片的局部进行裁切，保留需要的部分。

裁剪工具选项栏如图 6-2-1 所示。

图 6-2-1

点击"比例"，有 1∶1、4∶5 等选项；也可以新建裁剪预设，如图 6-2-2 所示。

名词解释

删除裁剪的像素 若打"√"，在裁剪延伸的时候自动补充背景色；若不打"√"，在裁剪延伸的时候，显示透明图。

内容识别 若打"√"，在裁剪延伸的时候，自动识别图片内容补充；若不打"√"，在裁剪延伸的时候，延伸背景色。

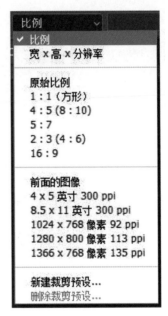

图 6-2-2

实操案例 1

裁剪图片局部

第一步：启动 Photoshop，打开素材图片 1。

第二步：选择"裁剪工具"。

第三步：在选项栏中选择"比例"，如图 6-2-3 所示。

图 6-2-3

第四步：用鼠标左键点击裁剪外框，拖动，并选出想要保留的区域，如图6-2-4所示。

图 6-2-4

第五步：按下"Enter"键或者点击选项栏中的"√"，如图6-2-5所示，保留区域即可裁出。

图 6-2-5

🖱️ 实操案例2

裁剪图片，自动识别背景

第一步：启动 Photoshop，打开素材图片2。

第二步：选择"裁剪工具"。

第三步：在选项栏选择"比例"，在"删除裁剪的像素"前打"√"，在"内容识别"前不打"√"，如图6-2-6所示。

图 6-2-6

第四步：用鼠标左键点击裁剪外框拖动，超出图片区域的部分会自动补充背景色，如图6-2-7所示。

图 6-2-7

第五步：按下"Enter"键或者用鼠标点击选项栏中的"√"，延伸出来的区域即全部补充背景色，如图6-2-8所示。

图 6-2-8

第六步：在选项栏选择"比例"，在"删除裁剪的像素"前不打"√"，在"内容识别"前打"√"，如图6-2-9所示。

图 6-2-9

第七步：点击鼠标左键，裁切外框，拖动，超出图片区域，如图 6-2-10 所示。

图 6-2-10

第八步：按下"Enter"键或用鼠标点击选项栏中的"√"，延伸出来的区域全部识别为图片内容，如图 6-2-11 所示。

图 6-2-11

实操案例 3

拉正杯子：利用透视裁剪工具将图片中的杯子拉正

第一步：启动 Photoshop，打开素材图片 3。

第二步：用鼠标右键点击"裁剪工具"图标，再用鼠标左键点击"透视裁剪工具"，如图 6-2-12 所示。

图 6-2-12

第三步：用鼠标左键绘制矩形线框，并使线框的其中一条线与杯口所在的平面平行，如图 6-2-13 所示。按下"Enter"键或用鼠标点击选项栏中的"√"，即可将杯子拉正，如图 6-2-14 所示。

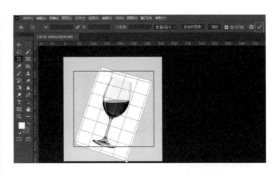

图 6-2-13

图 6-2-14

第 7 天
熟悉修改背景颜色

7.1 吸管工具

🖋 名词解释

吸管工具 主要用途是给图片换颜色、给文字换颜色、抠图等。吸管工具选项栏如图 7-1-1 所示。

取样大小 默认选择"取样点",如图 7-1-2 所示。

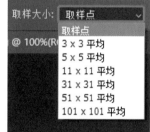

图 7-1-1　　　　　　　　　　　　　　　　　　图 7-1-2

样本 一般选择"所有图层",其他的选项一般是针对单个或者部分图层操作,如图 7-1-3 所示。

显示取样环 此选项前打"√"时,吸取时会有圆环出现;不打"√"时,吸取时不会出现圆环。默认打"√",如图 7-1-4 所示。

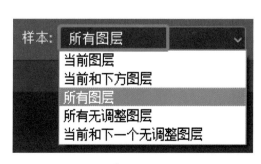

图 7-1-3　　　　　　　　　　　　　　　　　　图 7-1-4

实操案例 1

图片局部换颜色：用吸管工具给图中文字和背景框换色

第一步：启动 Photoshop，打开素材图片，如图 7-1-5 所示。

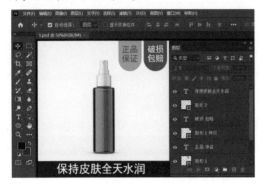

图 7-1-5

第二步：用鼠标右键点击"吸管工具"图标，并用鼠标左键选择"吸管工具"，如图 7-1-6 所示。

图 7-1-6

第三步：用鼠标左键点击矩形 1 图层，如图 7-1-7 所示。

图 7-1-7

第四步：用鼠标左键双击矩形 1，会弹出拾色器面板，如图 7-1-8 所示。

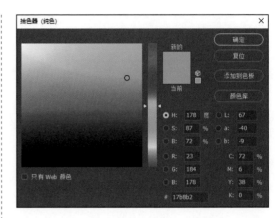

图 7-1-8

第五步：用鼠标左键在色域中点击需要的颜色，拖动色标可以改色。确认需要的颜色后，点击"确定"，即可改变颜色，如图 7-1-9 所示。

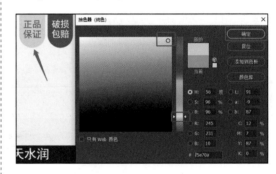

图 7-1-9

第六步：用鼠标左键点击"正品保证"图层，如图 7-1-10 所示。

图 7-1-10

第七步：用鼠标左键双击图7-1-11中"正品保证"图层的红框位置，文字即被选中。

第八步：点击选项栏中的色块，会弹出拾色器面板，如图7-1-12所示。

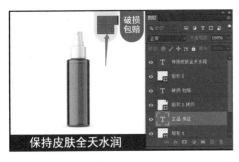

图 7-1-11

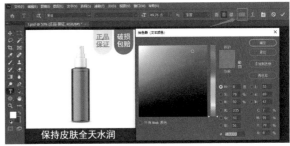

图 7-1-12

第九步：用鼠标左键在色域中点击需要的颜色，拖动色标可以改色。确认需要的颜色后，点"确定"即可改变颜色，在选项栏打"√"，即可完成，如图7-1-13所示。最终效果如图7-1-14所示。

图 7-1-13

图 7-1-14

（）**实操案例 2**

给月亮换颜色

第一步：启动 Photoshop，打开素材图，如图7-1-15所示。

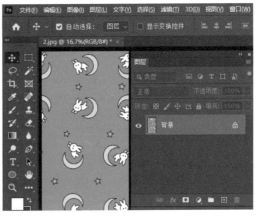

图 7-1-15

第二步：点击"选择"选择"色彩范围"，如图 7-1-16 所示，会弹出色彩范围面板。

图 7-1-16

第三步：用鼠标左键点击月亮图片，调整容差值，图片黑白分明即可，如图 7-1-17 所示。点击"确定"，月亮选区就选择完成，如图 7-1-18 所示。

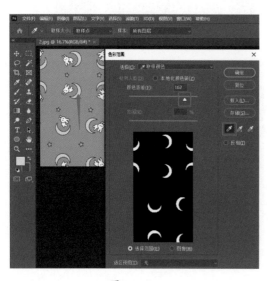

图 7-1-17

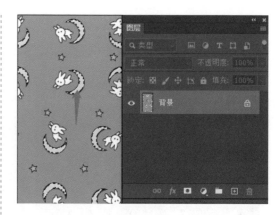

图 7-1-18

第四步：将前景色改成蓝色，如图 7-1-19 所示。

图 7-1-19

第五步：按下快捷键"Alt+Delete"或"Alt+Backspace"，月亮即可填充为蓝色。按下快捷键"Ctrl+D"取消选区，即可完成换颜色，如图 7-1-20 所示。

图 7-1-20

实操案例 3

一键换背景色：快速把图像抠出，然后换成黄色背景

第一步：启动 Photoshop，打开素材图片，如图 7-1-21 所示。

图 7-1-21

第二步：点击"选择"选择"色彩范围"，如图 7-1-22 所示，弹出色彩范围面板。

图 7-1-22

第三步：用鼠标左键点击背景，调整容差值，使图片黑白分明即可，如图 7-1-23 所示。点击"确定"，背景选区即可显示，如图 7-1-24 所示。

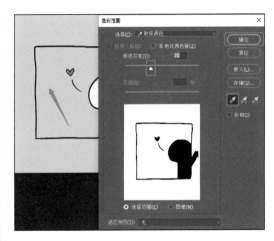

图 7-1-23

图 7-1-24

第四步：按下快捷键"Ctrl+Shift+I"反选选区，如图 7-1-25 所示。

图 7-1-25

第五步：按下快捷键"Ctrl+J"复制，增加了图层 1，如图 7-1-26 所示。

图 7-1-26

第六步：将前景色改成黄色，如图 7-1-27 所示。

图 7-1-27

第七步：选择"背景"图层，按下快捷键"Alt+Delete"或"Alt+Backspace"，即可填充完成，如图 7-1-28 所示。

图 7-1-28

第 8 天 学会照片修复

照片修复主要使用污点修复画笔工具、修复画笔工具、修补工具、内容感知移动工具、红眼工具、画笔工具、仿制图章工具、橡皮擦工具和魔术橡皮擦工具等。

8.1 污点修复画笔工具

污点修复画笔工具主要用来去除斑点、痘痘等。

原理：自动从笔头外部区域进行取样，并修复笔头内部区域，会把取样的纹理、光线、阴影等数据匹配到笔头内部。

快捷键：笔头缩放快捷键是英文输入法状态下的"["""]"键，输入"["可缩小笔头，输入"]"可放大笔头，如图 8-1-1 所示。

图 8-1-1

注意：操作时笔头应略大于污点。

🖱 实操案例

去污点：利用污点修复画笔工具，去除素材图片中小狗身上的斑点

第一步：启动 Photoshop，打开素材图片，如图 8-1-2 所示。

图 8-1-2

第二步：选择"污点修复画笔工具"，如图 8-1-3 所示。

图 8-1-3

此时鼠标左键会变成圆圈样式，如果不是圆圈样式，按下键盘上的"Caps Lock"键，切换成圆圈样式即可。

第三步：用鼠标左键点击"背景"图层，如图 8-1-4 所示。

图 8-1-4

第四步：在选项栏将模式改成"正常"，如图 8-1-5 所示。使笔头略大于黑点，如图 8-1-6 所示，用鼠标左键点击黑点，即可去除黑点。

图 8-1-5

图 8-1-6

8.2 修复画笔工具

修复画笔工具不能修复颜色反差较大的图，只能匹配颜色相近的图，纹理、光线、阴影等可以匹配到笔头内部。

快捷键：笔头缩放快捷键是英文输入法状态下的"["""]"键，输入"["可缩小笔头，输入"]"可放大笔头。操作时，笔头应略大于取样点。

🖱 **实操案例 1**

图片局部内容识别：利用修复画笔工具，把素材图片中的鸭子去掉 1 只

第一步：启动 Photoshop，打开素材图片。

第二步：用鼠标右键点击"污点修复画笔工具"图标，用鼠标左键点击"修复画笔工具"，如图 8-2-1 所示。此时鼠标左键会变成圆圈样式，如果不是圆圈样式，按下"Caps Lock"键切换成圆圈样式即可，将笔头硬度调到 70%，如图 8-2-2 所示。

第三步：用鼠标左键点击"背景"图层，如图 8-2-3 所示。

图 8-2-1

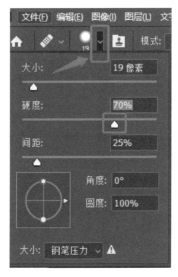

图 8-2-2

图 8-2-3

第四步：设置选项栏中的选项，模式选择"正常"，并使笔头略大于鸭子图形，如图 8-2-4 所示。按住"Alt"键，用鼠标左键点击草坪取样，取样应与背景色相近，如图 8-2-5 所示。

图 8-2-4

图 8-2-5

第五步：用鼠标左键点击鸭子，鸭子即被去掉一只，如图 8-2-6 所示。

图 8-2-6

🖱 **实操案例 2**

局部内容复制修复：利用修复画笔工具，复制素材图片中的足球

第一步：启动 Photoshop，打开素材图片。

第二步：用鼠标右键点击"污点修复画笔工具"图标，再用鼠标左键点击"修复画笔工具"，如图 8-2-7 所示。此时鼠标左键会变成圆圈样式，如不是圆圈样式，按下"Caps Look"键切换即可。

图 8-2-7

将笔头硬度调到 70%，使笔头略大于图片中的足球，如图 8-2-8 所示。

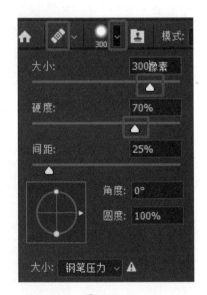

图 8-2-8

第三步：用鼠标左键点击"背景"图层，如图 8-2-9 所示。

第四步：在选项栏将模式选择"正常"，按住"Alt"键，用鼠标左键点击足球取样，如图 8-2-10 所示。

第五步：用鼠标左键点击草坪，即可复制一个足球，如图 8-2-11 所示。

图 8-2-9

图 8-2-10

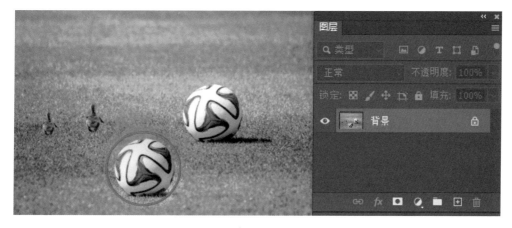

图 8-2-11

8.3 修补工具

修补工具主要是针对大面积的污点修复。

选项栏如图 8-3-1 所示。

图 8-3-1

修补选择"正常",选择"源"操作修补时,即可修复。修补选择"正常",选择"目标"操作修补时,会复制此区域。

🖱 实操案例 1

删除及自动修复练习:利用修补工具将素材图片中的 1 号鸽子去掉

第一步:启动 Photoshop,打开素材图片。

第二步:用鼠标右键点击"污点修复画笔工具"图标,再用鼠标左键点击"修补工具",如图 8-3-2 所示。

图 8-3-2

第三步:用鼠标左键点击"背景"图层。

第四步:在选项栏点击"添加到选区"图标,修补选择"正常",点击"源",如图 8-3-3 所示。

图 8-3-3

第五步:点击鼠标左键,拖动鼠标,圈选 1 号鸽子,如图 8-3-4 所示;拖到图片中所指位置,即可去掉 1 号鸽子,如图 8-3-5 所示。如要取消选区,按下快捷键"Ctrl+D"即可。

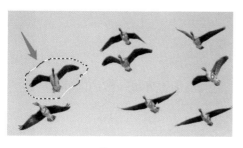
图 8-3-4

图 8-3-5

实操案例 2

复制及自动修复练习：利用修补工具复制素材图片中的鸽子

第一步：启动 Photoshop，打开素材图片。

第二步：用鼠标右键点击"污点修复画笔工具"图标，再用鼠标左键点击"修补工具"，如图 8-3-6 所示。

图 8-3-6

第三步：用鼠标左键点击"背景"图层。

第四步：在选项栏点击"添加到选区"图标，修补选择"正常"，点击"目标"，如图 8-3-7 所示。

图 8-3-7

第五步：点击鼠标左键，拖动鼠标，圈选 4 号鸽子，如图 8-3-8 所示；拖到图中所指位置，4 号鸽子即可被复制，如图 8-3-9 所示。若要取消选区，按下快捷键"Ctrl+D"即可。

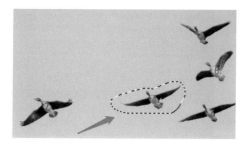

图 8-3-8

图 8-3-9

8.4 内容感知移动工具

内容感知移动工具类似于移动和复制。使用内容感知移动工具可以去除图片中的文字与杂物，图片移动之后留下的空白区域会自动填充成与周围环境一致的内容。

选项栏如图 8-4-1 所示。

图 8-4-1

模式选择"移动"，选择内容感知移动工具操作时，选区内即可移动位置。模式选择"扩展"，选择内容感知移动工具操作时，选区内即可复制，如图 8-4-2 所示。

图 8-4-2

🖱 **实操案例**

内容感知工具练习：利用内容感知工具在素材图片中删除数字 1、移动并复制数字 2

第一步：启动 Photoshop，打开素材图片。

第二步：用鼠标右键点击"污点修复画笔工具"，用鼠标左键点击"内容感知移动工具"，如图 8-4-3 所示。

第三步：用鼠标左键点击"背景"图层，如图 8-4-4 所示。

图 8-4-3

图 8-4-4

第四步：在选项栏点击"新选区"图标，模式选择"移动"，如图 8-4-5 所示。

图 8-4-5

第五步：点击鼠标左键，拖动鼠标，圈选数字 1，如图 8-4-6 所示。拖到空白处，按下"Enter"键或在选项栏点击"√"，数字 1 即被移动到空白处。数字 1 原来的位置，会被软件自动填充成与周围环境一致的内容，如图 8-4-7 所示。

如要取消选区，按下快捷键"Ctrl+D"即可。

图 8-4-6

图 8-4-7

第六步：在选项栏点击"新选区"，模式选择"扩展"，如图 8-4-8 所示。

图 8-4-8

第七步：点击鼠标左键，拖动鼠标，圈选数字 2，拖到空白处，按下"Enter"键或在选项栏点击"√"，即可复制数字 2 到空白处，如图 8-4-9 所示。

如要取消选区，按下快捷键"Ctrl+D"即可。

图 8-4-9

8.5 红眼工具

红眼工具主要用于人物、动物等图像中的眼睛部位，能够在一定程度上消除拍照时产生的红眼。

🖱 **实操案例**

利用红眼工具把素材图片中的人物红眼去除

第一步：启动 Photoshop，打开素材图片。

第二步：用鼠标右键点击"污点修复画笔工具"图标，用鼠标左键点击"红眼工具"，如图 8-5-1 所示。

图 8-5-1

第三步：按住鼠标左键，框中红眼，拖动鼠标左键，多次点击框选区域，即可去除红眼，如图 8-5-2 所示。

图 8-5-2

8.6 画笔工具

使用画笔工具可以画出很多图画，如卡通人物、素描等。选项栏如图8-6-1所示。

图 8-6-1

不同不透明度与流量的画笔，如图8-6-2所示。

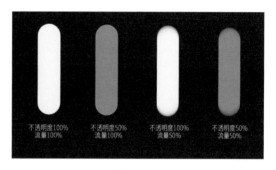

图 8-6-2

🔗 名词解释

【不透明度】 按住鼠标左键不松手，无论怎么涂抹，画出来的都是同样不透明度的数值。单次涂抹，色值不叠加。

【流量】 按住鼠标左键不松手，不断涂抹，流量1%也能涂抹出100%效果。单次涂抹，流量会叠加效果。

通过设置不同透明度和不同流量，即可实现不同状态的画笔。

🖱 实操案例 1

用画笔画心形

第一步：启动Photoshop，新建一个宽度为800、高度为800、单位为像素、分辨率为72、颜色模式为RGB颜色的白色画板，如图8-6-3所示。

第二步：用鼠标右键点击"画笔工具"图标，再用鼠标左键选择"画笔工具"，如图8-6-4所示。

图 8-6-4

图 8-6-3

第三步：在选项栏中，用鼠标左键点击图 8-6-5 所示位置。用鼠标左键点击"常规画笔"组，画笔样式选择"硬边圆"；模式选择"正常"，"不透明度"和"流量"调成 100%，"平滑"调为 100%，如图 8-6-6 所示。

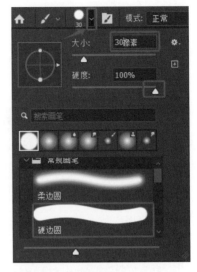

图 8-6-5

图 8-6-6

第四步：将前景色调成红色，如图 8-6-7 所示。

第五步：按住鼠标左键拖动画心形，如图 8-6-8 所示。

第六步：按住"Shift"键，点击鼠标左键并拖动，即可画出直线，如图 8-6-9 所示。

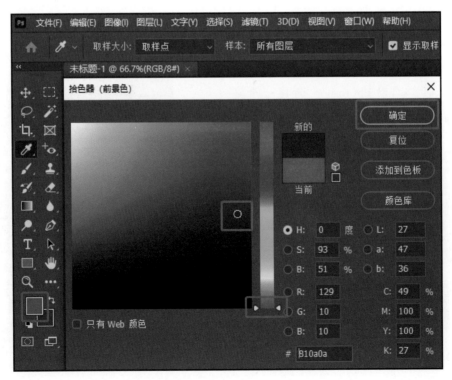

图 8-6-7

图 8-6-8

图 8-6-9

实操案例 2

用画笔画插画

我们可以自主生成不同的画笔样式，也可以导入画笔样式。

第一步：启动 Photoshop，新建一个尺寸为 800×800、单位为像素、分辨率为72、颜色模式为 RGB 颜色的画板，填充白色，如图8-6-10所示。

第二步：选择"画笔工具"，如图8-6-11所示。

第三步：在选项栏用鼠标左键点击"设置"，点击"导入画笔"，如图8-6-12所示。

图 8-6-10

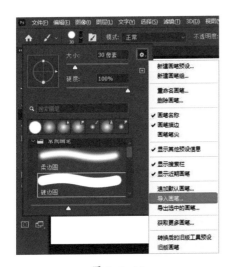

图 8-6-12

图 8-6-11

第四步：在电脑中找到笔刷素材，打开草笔刷，载入，如图 8-6-13 所示。用同样的操作方法，把花、星等笔刷导入。

图 8-6-13

第五步：拖动下拉条，找到笔刷，把组展开，选择草笔刷，如图 8-6-14 所示。

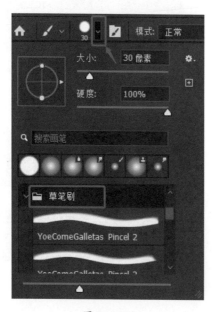

图 8-6-14

第六步：将前景色改成橙色，前景色颜色即是画笔颜色，再调整画笔大小，用画笔画出黄色草地，如图 8-6-15 所示。

图 8-6-15

第七步：选择花笔刷，将前景色改成蓝色，进行绘制，如图 8-6-16 所示。

图 8-6-16

第八步：选择星笔刷，将前景色改成红色并进行绘制，也可导入树叶笔刷，将前景色改成绿色并进行绘制，即可完成一幅插画，如图 8-6-17 所示。

图 8-6-17

⚫ 实操案例 3

用画笔画等间距圆

第一步：启动 Photoshop，新建一个尺寸为 800×800、单位为像素、分辨率为 72、颜色模式为 RGB 颜色的画板，填充红色，如图 8-6-18 所示。

第二步：选择"画笔工具"，如图 8-6-19 所示。

第三步：在选项栏用鼠标左键点击图 8-6-20 所示的位置。

图 8-6-19

图 8-6-18

图 8-6-20

点击"画笔笔尖形状"，选择图 8-6-21 所示笔刷，间距调整为 121%。

图 8-6-21

第四步：将前景色调成白色，不透明度、流量均调整为 100%，如图 8-6-22 所示。

第五步：按住鼠标左键不松手并进行绘制，即可完成，如图 8-6-23 所示。

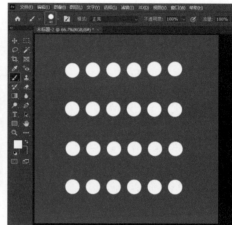

图 8-6-22　　　　　　　　　　　　　　图 8-6-23

实操案例 4

预设笑脸画笔

第一步：启动 Photoshop，打开素材图片，如图 8-6-24 所示。

图 8-6-24

第二步：点击"编辑"，选择"定义画笔预设"，如图 8-6-25 所示。

第三步：在弹出的画笔名称对话框中设置名称，点击"确定"（图 8-6-26）。

第四步：新建尺寸为 800×800、单位为像素、分辨率为 72、颜色模式为 RGB 颜色的画板，填充红色，如图 8-6-27 所示。

第五步：将前景色调成黄色，画笔大小改成 80，如图 8-6-28 所示。不透明度、流量均调整为 100%，模式选"正常"，如图 8-6-29 所示。

图 8-6-26

图 8-6-25

图 8-6-27

图 8-6-28

图 8-6-29

第六步：在画板中点击鼠标左键，即可画出笑脸。若在同一位置点击多次，图像颜色会变得越来越深，如图 8-6-30 所示。

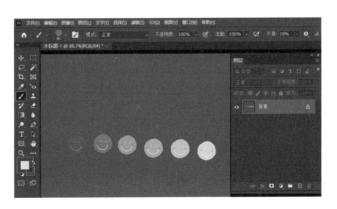

图 8-6-30

8.7 仿制图章工具

仿制图章工具的主要用途有修图、去水印、无痕改字、修皮肤等。

快捷键：笔头缩放快捷键是英文输入法状态下的"["""]"键，输入"["可缩小笔头，输入"]"可放大笔头。

注意：操作时笔头应略大于取样点，也可以一点点地去除。按住"Alt"键吸取一次，可以粘贴 3 次左右，然后需要再次按住"Alt"键吸取。

🖱 实操案例 1

纯色背景局部删除：使用仿制图章工具把素材图片中 ①1 人物去除

第一步：启动 Photoshop，打开素材图片，如图 8-7-1 所示。

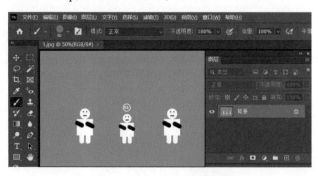

图 8-7-1

第二步：选择"仿制图章工具"，如图 8-7-2 所示。

第三步：用鼠标左键点击"背景"图层，如图 8-7-3 所示。

第四步：在选项栏将画笔大小调整为 120，模式改成"正常"，不透明度、流量调为 100%，如图 8-7-4 所示。

图 8-7-2

图 8-7-3

图 8-7-4

按住"Alt"键，用鼠标左键点一下旁边的蓝色背景，如图8-7-5所示。

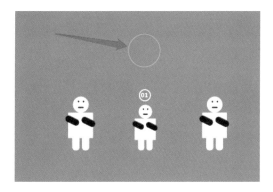

图 8-7-5

第五步：松开"Alt"键，用鼠标左键点击①所在位置，如图8-7-6所示。点击两三次，再次按住"Alt"键，用鼠标左键点一下旁边蓝色背景。重复操作几次即可去除①，效果如图8-7-7所示。

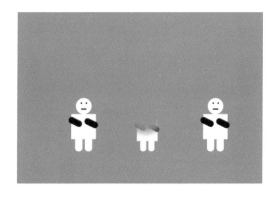

图 8-7-6

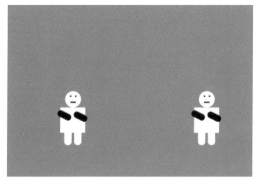

图 8-7-7

实操案例 2

渐变背景局部删除：使用仿制图章工具去除素材图片中的文字"欣然 1"

第一步：启动 Photoshop，打开素材图片，如图8-7-8所示。

图 8-7-8

第二步：选择"仿制图章工具"。

第三步：用鼠标左键点击"背景"图层，如图8-7-9所示。

图 8-7-9

第四步：在选项栏把画笔大小调整为 100，模式改成"正常"，不透明度、流量调为 100%，如图 8-7-10 所示。

图 8-7-10

第五步：按住"Alt"键，用鼠标左键点击文字上方红色背景，如图 8-7-11 所示。

松开"Alt"键，用鼠标左键点击相对应的文字位置。

点击两三次后，再次按住"Alt"键，用鼠标左键点击剩余文字上方红色背景。重复操作几次，即可去除文字，如图 8-7-12 所示。

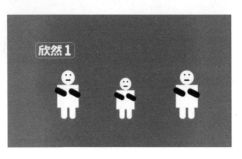

图 8-7-11

图 8-7-12

实操案例 3

去污点（水印）：使用仿制图章工具把素材图片中的红色污点去掉

第一步：启动 Photoshop，打开素材图片，如图 8-7-13 所示。

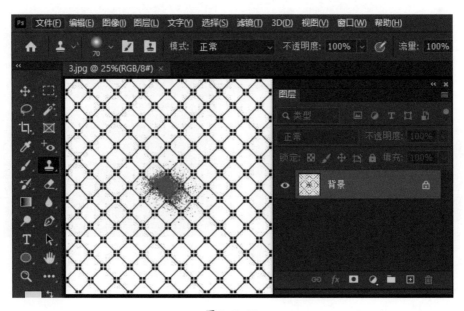

图 8-7-13

第二步：选择"仿制图章工具"。

第三步：用鼠标左键点击"背景"图层，
如图 8-7-14 所示。

第四步：在选项栏把画笔大小调整为
150，模式改成"正常"，不透明度、流量调为
100%，如图 8-7-15 所示。

图 8-7-14

图 8-7-15

第五步：按住"Alt"键，用鼠标左键点击 A 区域方格，粘贴到 B 区域方格，如图 8-7-16
所示。

松开"Alt"键，用鼠标左键点击"红色污点"位置，如图 8-7-17 所示。

点击两三次，再次按住"Alt"键，用鼠标左键点击 A 区域方格。重复操作上述步骤，
即可去除红色污点。

注意：取样完成后，粘贴时要使 A 区域方格和 B 区域方格完全重合，再点击鼠标左键粘贴。

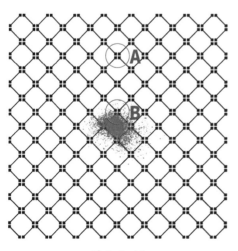

图 8-7-16

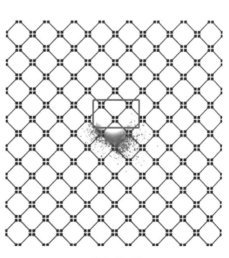

图 8-7-17

8.8 橡皮擦工具

橡皮擦工具的主要用途是擦除不想要的部分。

🖱 实操案例 1

使用橡皮擦工具去除素材图片中的黑色部分

第一步：启动 Photoshop，打开素材图片，如图 8-8-1 所示。

图 8-8-1

第二步：选择"橡皮擦工具"，如图 8-8-2
所示。

第三步：用鼠标左键点击"背景"图层，
如图 8-8-3 所示。

图 8-8-2

图 8-8-3

第四步：在选项栏把画笔大小调整为 100，模式选择"画笔"，不透明度、流量调成
100%，如图 8-8-4 所示。

图 8-8-4

第五步：按住鼠标左键，点击黑色位置，画过的地方会变红色，如图 8-8-5 所示。这是因为背景色是红色，现在将背景色改成黄色，如图 8-8-6 所示。这时，按住鼠标左键，用画笔画过的位置就会变成黄色，如图 8-8-7 所示。

图 8-8-5

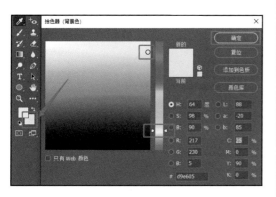

图 8-8-6

图 8-8-7

第六步：如果想擦成透明色，应先双击"图层 0"，解锁背景图层，如图 8-8-8 所示。

图 8-8-8

这时，按住鼠标左键，用画笔画过的位置就会变成透明色。重复操作即可将黑色擦除，如图 8-8-9 所示。

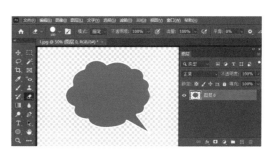

图 8-8-9

实操案例 2

使用背景橡皮擦工具去除素材图片中的黑色部分

第一步：启动 Photoshop，打开素材图片 2，如图 8-8-10 所示。

图 8-8-10

第二步：用鼠标右键点击"橡皮擦工具"图标，再用鼠标左键点击"背景橡皮擦工具"，如图 8-8-11 所示。

第三步：用鼠标左键点击背景图层，如图 8-8-12 所示。

图 8-8-11

图 8-8-12

第四步：在选项栏把画笔大小调整为 100，点击"取样：背景色板"图标，限制选择"连续"，容差设为"50%"，如图 8-8-13 所示。

图 8-8-13

第五步：将背景色改成图片 2 的背景黑色，如图 8-8-14 所示。

第六步：按住鼠标左键，圈选黑色位置，如图 8-8-15 所示，反复擦拭，黑色即可被去除，如图 8-8-16 所示。

图 8-8-14

图 8-8-15

图 8-8-16

实操案例 3

使用背景橡皮擦工具将素材图片 4 中的手套抠出，并换成鹅黄色背景

第一步：启动 Photoshop，打开素材图片，如图 8-8-17 所示。

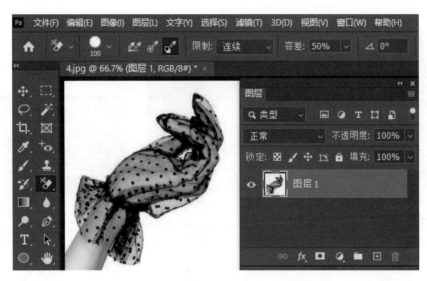

图 8-8-17

第二步：用鼠标右键点击"橡皮擦工具"图标，再用鼠标左键点击"背景橡皮擦工具"，如图 8-8-18 所示。

第三步：用鼠标左键点击图层 1 图层，如图 8-8-19 所示。

图 8-8-18

图 8-8-19

第四步：在选项栏将画笔大小调整为 100，点击"取样：背景色板"，限制选择"不连续"，容差设为"50%"，"保护前景色"前打"√"，如图 8-8-20 所示。

图 8-8-20

第五步：将背景色改成图4背景白色，把前景色改成手套的黑色，如图8-8-21所示。

第六步：按住鼠标左键在素材图片白色部分中进行擦抹，白色即可擦除，如图8-8-22所示。

第七步：按下快捷键"Ctrl+Shift+N"新建图层2，并将图层2移到图层1的下方，将前景色改成鹅黄色，如图8-8-23所示。

第八步：按下快捷键"Alt+Delete"或"Alt+Backspace"填充即可，如图8-8-24所示。

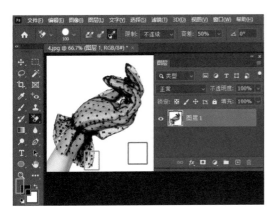

图 8-8-21

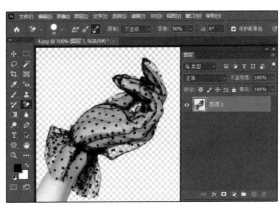

图 8-8-22

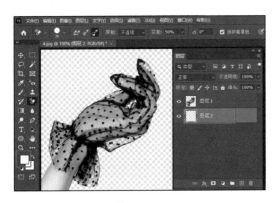

图 8-8-23

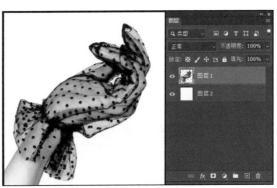

图 8-8-24

8.9 魔术橡皮擦工具

使用魔术橡皮擦工具，点击一次背景，即可快速擦除与背景色相同的像素，因此可以快速抠除纯色背景的图片。

🖱 **实操案例**

使用魔术橡皮擦工具将素材图片的背景色擦除，并擦除紫色圆圈

第一步：启动 Photoshop，打开素材图片，如图 8-9-1 所示。

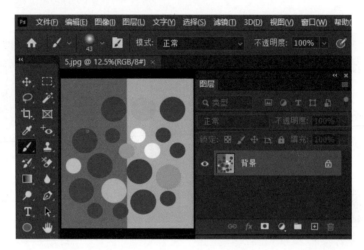

图 8-9-1

第二步：用鼠标右键点击"橡皮擦工具"图标，再用鼠标左键点击"魔术橡皮擦工具"，如图 8-9-2 所示。

第三步：用鼠标左键点击"背景"图层，如图 8-9-3 所示。

图 8-9-2

图 8-9-3

第四步：在选项栏中将容差调整为 50，"连续"前打"√"，如图 8-9-4 所示。

图 8-9-4

第五步：用鼠标左键点击橙色背景，橙色背景即被删除，如图8-9-5所示。再次点击粉色背景，粉色背景即可删除。

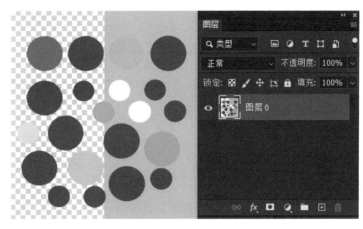

图 8-9-5

第六步：取消"连续"前的"√"，如图8-9-6所示。

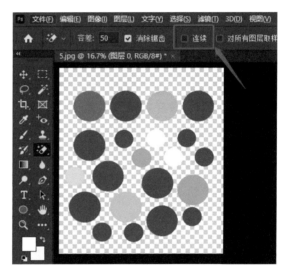

图 8-9-6

第七步：按住鼠标左键，点击紫色圆圈，所有紫色圆圈即可被去除，如图8-9-7所示。

图 8-9-7

第 9 天

学会填充及修饰、修复

填充及修饰修复主要涉及渐变工具、油漆桶工具、模糊锐化工具、涂抹工具、加深工具、减淡工具、海绵工具、图案图章工具等。

9.1 渐变工具

渐变工具的主要用途是让背景色呈渐变状态等。

🖱 **实操案例**

利用渐变工具的几种样式做出渐变效果

第一步：启动 Photoshop，新建尺寸为 800×800、单位为像素，分辨率为 72、颜色模式为 RGB 颜色的画板，如图 9-1-1 所示。

第二步：选择"渐变工具"，如图 9-1-2 所示。

第三步：用鼠标左键在选项栏中点击色块位置，如图 9-1-3 所示，即可弹出"渐变编辑器"对话框，里面有预设渐变颜色，可以自主改变颜色。

图 9-1-1

图 9-1-2

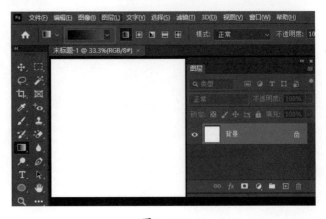

图 9-1-3

第四步：双击色标，如图9-1-4所示。在弹出的拾色器（色标颜色）对话框中选择拾色器上的颜色，如图9-1-5所示，即可改变色标颜色。

图 9-1-4

图 9-1-5

用鼠标左键点击色条下方，会出现一个手指标识，如图9-1-6所示。点击一下，可以增加色标，如图9-1-7所示。

如有不想要的色标，将鼠标放在色标上，如图9-1-8所示，按住鼠标左键拖动至最左或者最右，即可删除该色标。

图 9-1-6

图 9-1-7

图 9-1-8

第五步：点击"线性渐变"图标，模式改成"正常"，不透明度改为"100%"，如图 9-1-9 所示。

图 9-1-9

按住鼠标左键，拖动，线性渐变即可画好，如图 9-1-10 所示。

图 9-1-10

第六步：点击"径向渐变"图标，如图 9-1-11 所示。

图 9-1-11

按住鼠标左键，拖动，径向渐变即可画好，如图 9-1-12 所示。

图 9-1-12

第七步：点击"角度渐变"图标，如图 9-1-13 所示。

图 9-1-13

按住鼠标左键，拖动，角度渐变即可完成，如图 9-1-14 所示。

图 9-1-14

第八步：点击"对称渐变"图标，如图 9-1-15 所示。

图 9-1-15

按住鼠标左键，拖动，对称渐变即可画好，如图 9-1-16 所示。

图 9-1-16

第九步：点击"菱形渐变"图标，如图 9-1-17 所示。

图 9-1-17

按住鼠标左键，拖动，菱形渐变即可画好，如图 9-1-18 所示。

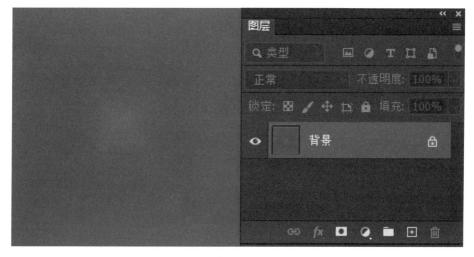

图 9-1-18

9.2 油漆桶工具

油漆桶工具主要用于对图片填充颜色。

实操案例

使用油漆桶工具对素材图片中的星星填色，改变背景色

第一步：启动 Photoshop，打开素材图片，如图 9-2-1 所示。

第二步：用鼠标右键点击"渐变工具"图标，用鼠标左键点击"油漆桶工具"，如图 9-2-2 所示。

图 9-2-2

图 9-2-1

第三步：用鼠标左键点击"背景"图层。

第四步：在选项栏选择"前景"，模式改成"正常"，不透明度调为 100%，容差调整为 30，"连续的"前打"√"，如图 9-2-3 所示。

图 9-2-3

第五步：将前景色改成黄色，如图 9-2-4 所示。点击星星中心，即可填充颜色，如图 9-2-5 所示。

图 9-2-4

图 9-2-5

第六步：在选项栏选择"图案"，如图 9-2-6 所示，点击进入，选择一个图案。

图 9-2-6

第七步：用鼠标左键点击背景，即可给背景填充图案，如图 9-2-7 所示。

图 9-2-7

9.3 模糊及锐化工具

使用模糊工具可以让图片的背景变得模糊。使用锐化工具可以将图像变清晰，将图像轮廓颜色加深。

实操案例 1

使用模糊工具将素材图片中小猫的毛发变模糊

第一步：启动 Photoshop，打开素材图片，如图 9-3-1 所示。

第二步：选择"模糊工具"，如图 9-3-2 所示。

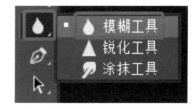

图 9-3-2

图 9-3-1

第三步：用鼠标左键点击"背景"图层。

第四步：在选项栏中将画笔大小调整为 60 左右，具体根据图片大小确定；模式改成"正常"，强度调为 50%（强度越大越模糊）。

第五步：用鼠标左键点击毛发边缘，擦拭，毛发即变模糊，如图 9-3-3 所示。

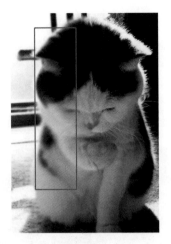

图 9-3-3

实操案例 2

使用锐化工具将素材图片中小猫的毛发变清晰

第一步：启动 Photoshop，打开素材图片，如图 9-3-4 所示。

图 9-3-4

第二步：用鼠标右键点击"模糊工具"图标，再用左键点击"锐化工具"，如图 9-3-5 所示。

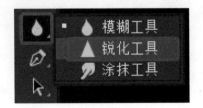

图 9-3-5

第三步：用鼠标左键点击"背景"图层。

第四步：在选项栏中，将画笔大小调整为 60 左右，具体根据图片大小确定；模式改成"正常"，强度调为 50%，如图 9-3-6 所示。

图 9-3-6

第五步：用鼠标左键点击毛发边缘，擦拭，毛发即更加清晰，如图 9-3-7 所示。

图 9-3-7

9.4 涂抹工具

涂抹工具的主要作用是对图片画面进行涂抹。

实操案例

使用涂抹工具将素材图片上的星星涂抹擦除

第一步：启动 Photoshop，打开素材图片，如图 9-4-1 所示。

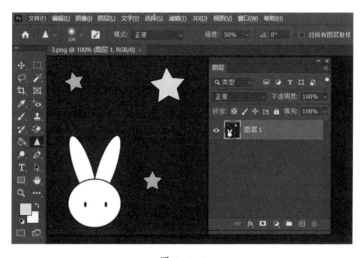

图 9-4-1

第二步：用鼠标右键点击"模糊工具"图标，再用鼠标左键点击"涂抹工具"，如图9-4-2所示。

图 9-4-2

第三步：用鼠标左键点击"背景"图层。

第四步：在选项栏中，将画笔大小调整为60，具体根据图片大小确定；模式改成"正常"，强度调为100%（强度越大，涂抹得越干净），如图9-4-3所示。

图 9-4-3

第五步：用鼠标左键点击背景位置，拖动鼠标从黑色背景往星星上面涂抹，如图9-4-4所示。这样即可将星星涂抹擦除，如图9-4-5所示。

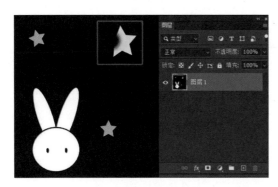

图 9-4-4

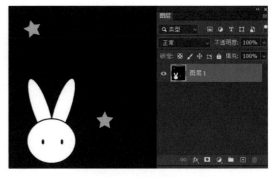

图 9-4-5

9.5 减淡工具

减淡工具的主要作用是让图片的颜色减淡，变得更亮。

选项栏如图9-5-1所示。

图 9-5-1

名词解释

大小 可根据需要进行调整，如图 9-5-2 所示。

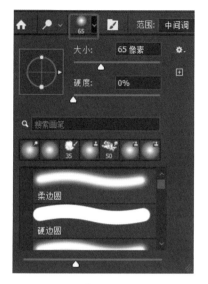

图 9-5-2

范围 包含阴影、中间调、高光，如图 9-5-3 所示。

图 9-5-3

阴影 将图片比较暗的部分减淡，而忽略比较亮的部分。

中间调 整体都可以减淡。

高光 只把高光部分减淡，别的部分可以忽略。

曝光度 指减淡的强度，数值越大，强度越大。

保护色调 主要是防止颜色发生色相偏移。

实操案例

使用减淡工具将素材图片中的熊猫毛发变得更白

第一步：启动 Photoshop，打开素材图片。

第二步：选择"减淡工具"，如图 9-5-4 所示。

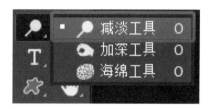

图 9-5-4

第三步：用鼠标左键点击"背景"图层。

第四步：在选项栏将画笔大小调整为 80；范围选择"中间调"，曝光度调为 50%，"保护色调"前打"√"，如图 9-5-5 所示。

图 9-5-5

第五步：用鼠标左键点击熊猫身体部位，擦拭，这样毛发即变白，如图 9-5-6 所示（为做对比，只涂抹了左边）。

图 9-5-6

9.6 加深工具

加深工具的主要作用是让图片的颜色变得更深。

选项栏如图 9-6-1 所示。

图 9-6-1

🔗 名词解释

大小 可根据图片的大小来调整，如图 9-6-2 所示。

范围 包含阴影、中间调、高光，如图 9-6-3 所示。

阴影 将图片比较暗的部分加深，而忽略比较亮的部分。

中间调 整体都可以加深。

高光 只把高光部分加深，别的部分可以忽略。

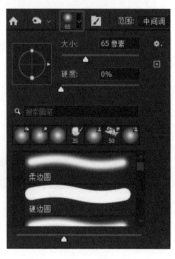

图 9-6-2

图 9-6-3

曝光度 指加深的强度。数值越大，强度越大。

保护色调 主要是防止颜色发生色相偏移。

图 9-6-5

🖱 **实操案例**

使用加深工具使素材图片中的熊猫毛发变得更黑

第一步：启动 Photoshop，打开素材图片。

第二步：用鼠标右键点击"减淡工具"图标，再用鼠标左键点击"加深工具"，如图 9-6-4 所示。

第五步：用鼠标左键点击熊猫身体部位，擦拭。这样毛发会变得更黑，如图9-6-6所示（为形成对比，只涂抹了右边）。

图 9-6-4

第三步：用鼠标左键点击"背景"图层。

第四步：在选项栏将画笔大小调整为 65；范围选择"阴影"，曝光度调为 50%，"保护色调"前打"√"，如图 9-6-5 所示。

图 9-6-6

9.7 海绵工具

海绵工具的主要作用是给图片去色、加色。

选项栏如图 9-7-1 所示。

图 9-7-1

名词解释

大小 可根据图片的大小来调整，如图 9-7-2 所示。

模式 包含去色和加色，如图 9-7-3 所示，可以使图像中的饱和度去除或者使图像中的饱和度增加。

流量 数值越大，强度越大。

自然饱和度 指图像整体的明亮程度。

图 9-7-3

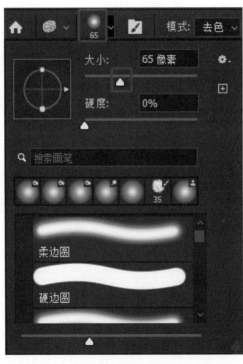

图 9-7-2

实操案例

使用海绵工具将素材图片中的辣椒去色、加色

第一步：启动 Photoshop，打开素材图片。

第二步：选择"海绵工具"，如图 9-7-4 所示。

图 9-7-4

第三步：在选项栏将画笔大小调整为 130；模式选择"去色"，流量调为 50%，"自然饱和度"前打"√"，如图 9-7-5 所示。

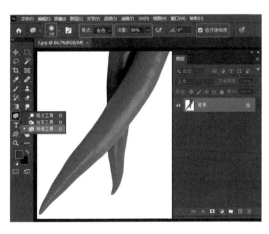

图 9-7-5

第四步：用鼠标左键点击或擦拭辣椒，辣椒的颜色会变得暗沉，如图 9-7-6 所示。

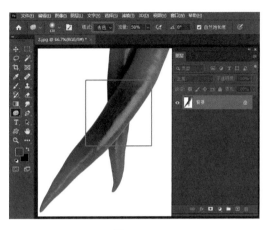

图 9-7-6

第五步：模式选择"加色"。

第六步：用鼠标左键点击或擦拭辣椒，辣椒的颜色会变得更鲜艳，如图 9-7-7 所示。

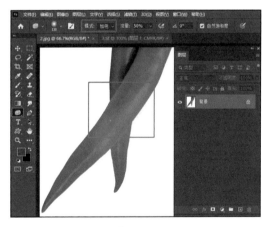

图 9-7-7

9.8 图案图章工具

图案图章工具多用于做背景纹理、插入图案等。

实操案例

利用图案图章工具新建图案，并在画布上做图案填充

第一步：启动 Photoshop，打开素材图片，如图 9-8-1 所示。

图 9-8-1

第二步：用鼠标右键点击"仿制图章工具"图标，再用鼠标左键点击"图案图章工具"，如图 9-8-2 所示。

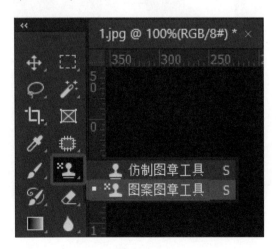

图 9-8-2

第三步：点击"编辑"选择"定义图案"，如图 9-8-3 所示。

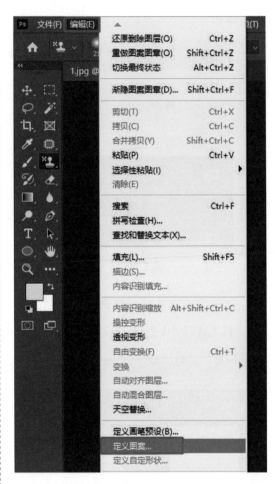

图 9-8-3

第四步：将图案名称命为"条纹"，点击"确定"，如图 9-8-4 所示。建好的图案即可在图 9-8-5 所示的位置找到。

图 9-8-4

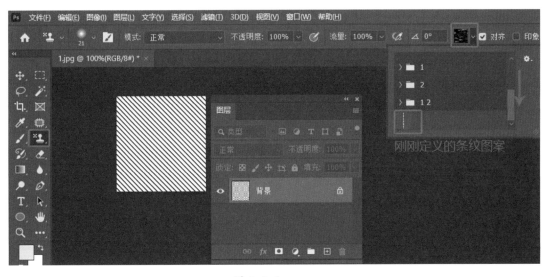

图 9-8-5

第五步：新建尺寸为 900×600、单位为像素、分辨率为 72、颜色模式为 RGB 颜色的画板，如图 9-8-6 所示。

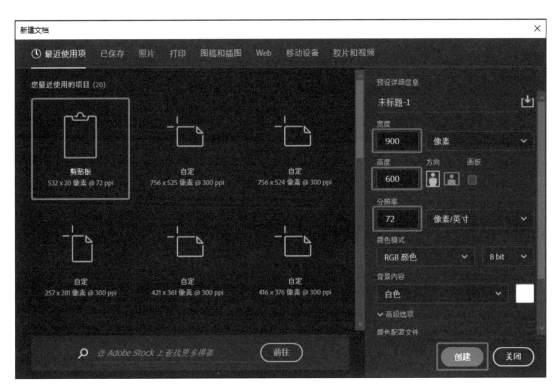

图 9-8-6

第六步：在选项栏中，将画笔大小调整为 300，模式改成"正常"，不透明度、流量均调为 100%，选择刚定义的条纹图案，如图 9-8-7 所示。

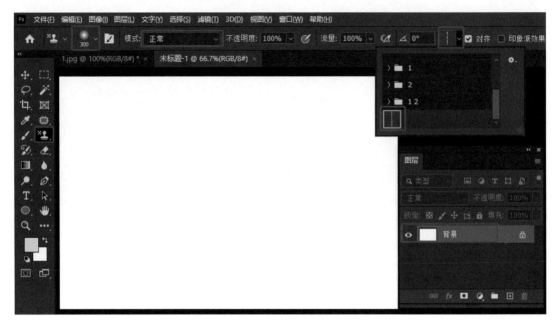

图 9-8-7

第七步：按住鼠标左键向下绘制，纹理背景即可绘出，如图 9-8-8 所示。

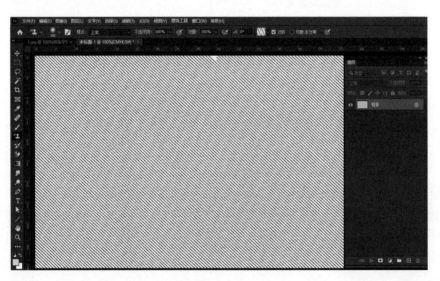

图 9-8-8

第 10 天
学会钢笔抠图及徽标设计

10.1 钢笔工具

钢笔工具主要用于抠图、徽标绘制等。

实操案例 1

使用钢笔工具把素材图片中的"X"抠出，并换成黄色背景

第一步：启动 Photoshop，打开素材图片，用鼠标左键点击"背景"图层。

第二步：选择"钢笔工具"，在选项栏中选择"路径"，如图 10-1-1 所示。

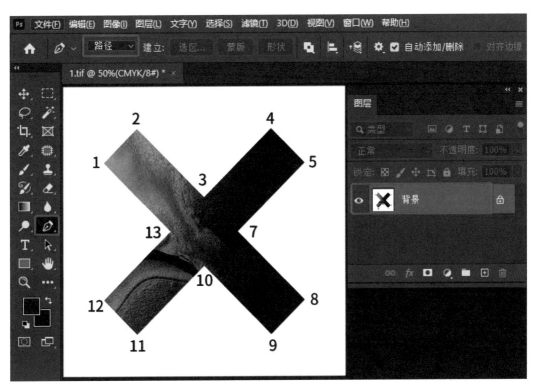

图 10-1-1

第三步：用鼠标左键点击数字 1 所示
位置，如图 10-1-2 所示。

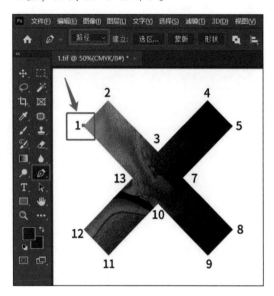

图 10-1-2

松开鼠标，再用鼠标左键点击数字 2
所示位置，如图 10-1-3 所示。

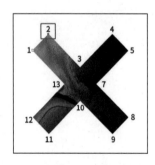

图 10-1-3

松开鼠标，再用鼠标左键点击数字 3
所示位置，一直依次点到数字 13 所示位置，
如图 10-1-4 所示。

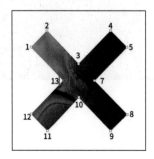

图 10-1-4

松开鼠标，将鼠标放在数字 1 所示位
置，有个圆圈出现，如图 10-1-5 所示。

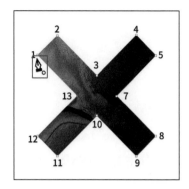

图 10-1-5

点击数字 1 所示位置，闭合路径，如
图 10-1-6 所示。

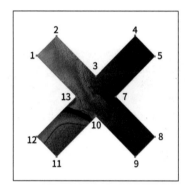

图 10-1-6

第四步：按下快捷键"Ctrl+Enter"
将路径所圈选的区域变为选区，如图 10-
1-7 所示。

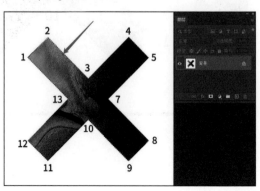

图 10-1-7

第五步：按下快捷键"Ctrl+J"，复制出"X"图层，如图 10-1-8 所示。

图 10-1-8

第六步：选择"背景"图层。

第七步：将前景色改成黄色，如图 10-1-9 所示。

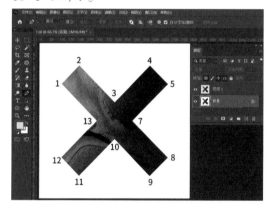

图 10-1-9

第八步：按下快捷键"Alt＋Delete"或"Alt＋Backspace"，将背景填充黄色，即可完成，如图 10-1-10 所示。

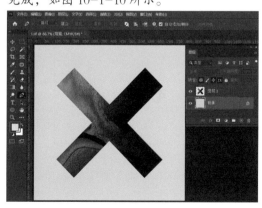

图 10-1-10

实操案例 2

使用钢笔工具画出圆弧，并变换为选区

第一步：启动 Photoshop，打开素材图片，点击"背景"图层。

第二步：选择"钢笔工具"，在选项栏中选择"路径"，如图 10-1-11 所示。

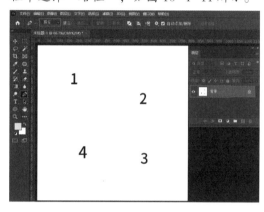

图 10-1-11

第三步：用鼠标左键点击数字 1 所在位置，然后松开鼠标，如图 10-1-12 所示。

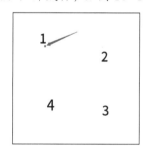

图 10-1-12

用鼠标左键点击数字 2 所在位置，不松鼠标，拖动，出现拉杆，如图 10-1-13 所示。

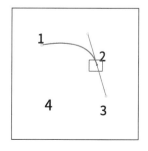

图 10-1-13

用鼠标左键点击数字 3 所在位置，不松鼠标，拖动，如图 10-1-14 所示。

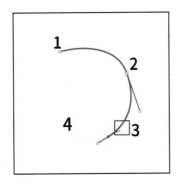

图 10-1-14

如果对数字 2 所在位置的圆弧不满意，可按住"Ctrl"键，点击锚点 2，锚点变成实心，如图 10-1-15 所示。

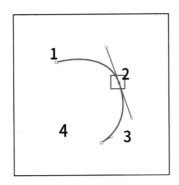

图 10-1-15

按住"Alt"不松手，用鼠标左键点击上方拉杆，拖动拉杆，调整上方弧度，如图 10-1-16 所示。

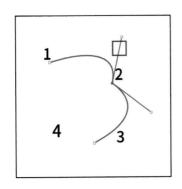

图 10-1-16

用鼠标左键点击下方拉杆，拖动拉杆，调整下方弧度，如图 10-1-17 所示。

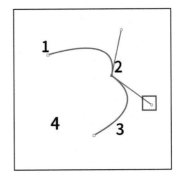

图 10-1-17

第四步：用鼠标左键点击数字 4 所在位置，如图 10-1-18 所示，然后松手。

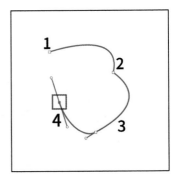

图 10-1-18

第五步：用鼠标左键点击锚点 1，闭合路径，如图 10-1-19 所示。

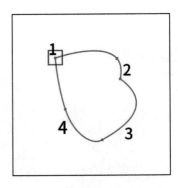

图 10-1-19

路径闭合之后，如果对锚点1处的圆弧不满意，可按住"Ctrl"键，用鼠标左键点击锚点1，锚点1变成实心，其余锚点变成空心，如图10-1-20所示。

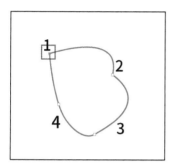

图 10-1-20

按住"Alt"键不松手，用鼠标左键分别点击上、下方拉杆，并调整拉杆方向，可调整上、下方弧度，如图10-1-21所示。

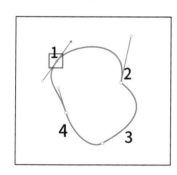

图 10-1-21

第六步：弧度调整完成后，按下快捷键"Ctrl+Enter"将路径所圈选的区域变为选区，如图10-1-22所示。

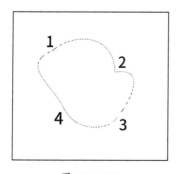

图 10-1-22

🔘 实操案例 3

使用钢笔工具把素材图片中的心形抠出，并把背景换成黄色

第一步：启动 Photoshop，打开素材图片，点击"背景"图层。

第二步：用鼠标左键点击"钢笔工具"，在选项栏中选择"路径"，如图10-1-23所示。

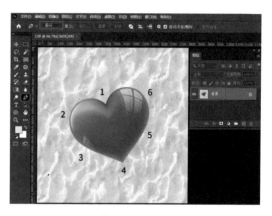

图 10-1-23

第三步：用鼠标左键点击数字1所在位置，如图10-1-24所示，然后松开鼠标。

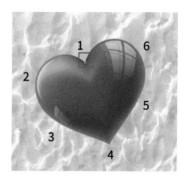

图 10-1-24

用鼠标左键点击数字2所在位置不松手，拖动鼠标，会出现拉杆，如图10-1-25所示。

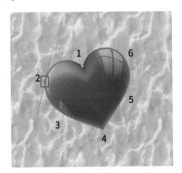

图 10-1-25

调整拉杆，使路径贴着心形的边缘，按住"Alt"键把下方拉杆收回，如图10-1-26所示。

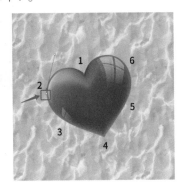

图 10-1-26

以同样方法绘制数字2、3之间的路径。

如果对数字2所在位置的弧度不满意，可按住"Ctrl"键点击锚点2，锚点2即可变成实心，如图10-1-27所示。

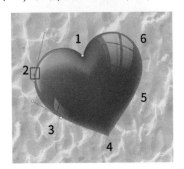

图 10-1-27

按住"Alt"键，调整拉杆，用鼠标左键点击上方拉杆，调整上方弧度。用鼠标左键点击下方拉杆，调整下方弧度。

第四步：用鼠标左键点击数字4所在位置，拖动鼠标，调整拉杆方向，使路径紧贴心形边缘，如图10-1-28所示。

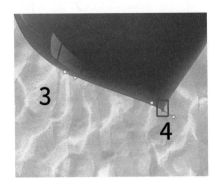

图 10-1-28

按住"Alt"键，调整下方拉杆方向为心形边缘方向，如图10-1-29所示，然后松开鼠标。

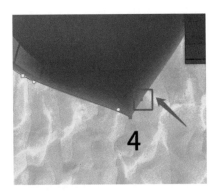

图 10-1-29

第五步：用鼠标左键点击数字5所在位置，如图10-1-30所示，按住"Alt"键，不松鼠标，调整拉杆，使上方拉杆缩短，如图10-1-31所示。

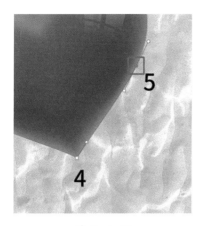

图 10-1-30

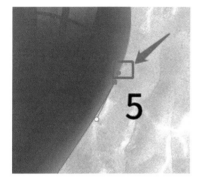

图 10-1-31

用同样方法绘制出数字 5、6 之间的路径。

第六步：将鼠标左键放在锚点 1 的位置，有个圆圈出现，点击鼠标左键即可闭合路径。

第七步：按住"Ctrl"键，用鼠标左键点击锚点 1，如图 10-1-32 所示。

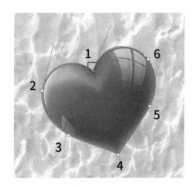

图 10-1-32

按住"Alt"键不松手，调整拉杆，这样即可调整路径，如图 10-1-33 所示。

图 10-1-33

第八步：按下快捷键"Ctrl+Enter"将路径所圈选的区域变为选区，如图 10-1-34 所示。

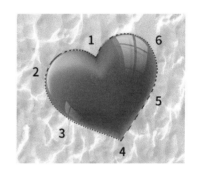

图 10-1-34

第九步：按下快捷键"Ctrl+J"复制出心形，如图 10-1-35 所示。

图 10-1-35

第十步：选择"背景"图层，将前景色改成黄色，如图 10-1-36 所示。

图 10-1-36

第十一步：按下快捷键"Alt+ Delete"或"Alt+ Backspace"，将背景填充为黄色，即可完成，如图 10-1-37 所示。

图 10-1-37

实操案例4

使用钢笔工具把素材图片中的徽标绘制出来，并填充黄色背景

第一步：启动 Photoshop，打开素材图片。

第二步：选择"钢笔工具"。

第三步：在选项栏中选择"形状"，填充选择"无颜色"图标，描边选择"纯色"图标，如图 10-1-38 所示。

图 10-1-38

第四步：用鼠标左键点数字 1 所在位置，如图 10-1-39 所示，然后松开鼠标。

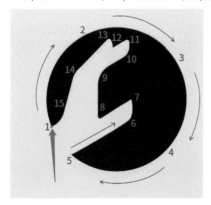

图 10-1-39

用鼠标左键点数字 2，不松开鼠标，拖动，会出现拉杆，如图 10-1-40 所示；调整拉杆，使路径贴着圆形的边缘，按住"Alt"键把上方拉杆收回。拉杆要沿着圆形边缘走势缩短，不要太长，长短如图 10-1-41 所示即可。

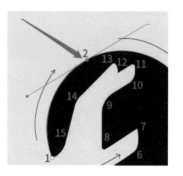

图 10-1-40

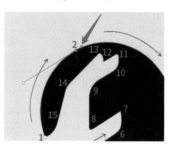

图 10-1-41

用同样方法绘出数字 2、3 之间的路径。如果对数字 2 所在位置的圆弧不满意，可按住"Ctrl"键点击锚点 2，锚点变成实心，如图 10-1-42 所示。

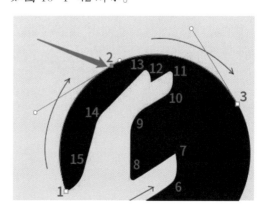

图 10-1-42

按住"Alt"不松手，调整拉杆，用鼠标左键点击上方拉杆，调整上方弧度，如图10-1-43所示。

图 10-1-43

用鼠标左键点击下方拉杆，调整下方弧度，如图10-1-44所示。

图 10-1-44

第五步：用鼠标左键点击数字4，如果点错位置，如图10-1-45所示，可按住"Ctrl+鼠标左键"，点击锚点，不松手，拖动鼠标，移动到数字4所在的位置即可，如图10-1-46所示。

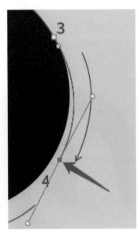

图 10-1-45

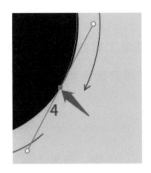

图 10-1-46

按住"Alt"键，调整上方拉杆，使拉杆紧贴边缘，下方拉杆收回，并调整拉杆，使拉杆在圆形的切线上，如图10-1-47所示。

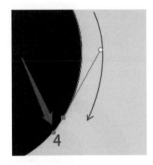

图 10-1-47

第六步：依次点击其他点，调整拉杆方向，使路径紧贴图形边缘。

第七步：将鼠标左键放在锚点1的位置，有圆圈标志出现，点击鼠标左键，即可闭合路径。按住"Ctrl"键，选中锚点1；按住"Alt"键不松手，调整拉杆，如图10-1-48所示，然后松手。

图 10-1-48

第八步：在选项栏中，填充选择浅蓝色，描边选择"无颜色"图标，徽标即可绘制出来，如图 10-1-49 所示。

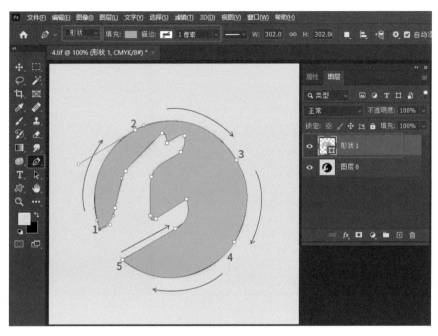

图 10-1-49

第九步：选择背景图层，将前景色改成黄色，如图 10-1-50 所示。

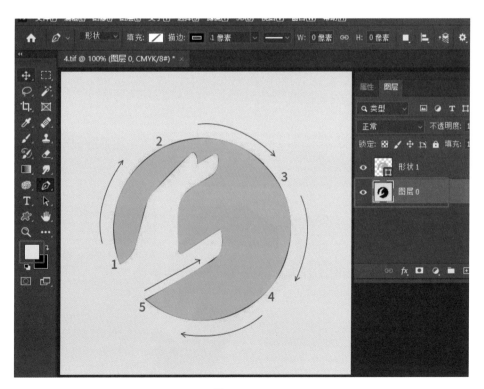

图 10-1-50

第十步：按下快捷键"Alt+Delete"或"Alt+Backspace"，徽标即被填充黄色背景，如图 10-1-51 所示。

图 10-1-51

实操案例 5

使用钢笔工具"模拟压力"绘制黄色线条

第一步：启动 Photoshop，打开素材图片。

第二步：选择"钢笔工具"。

第三步：在选项栏中选择"路径"，如图 10-1-52 所示。

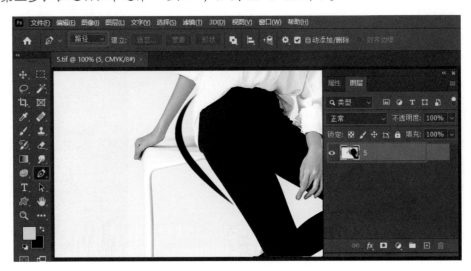

图 10-1-52

第四步：点击"画笔工具"图标，画笔样式选择"硬边圆"，大小改成15，点击切换"画笔设置"面板图标，打开"画笔设置"面板，如图 10-1-53 所示，在形状动态前打"√"，控制选择"钢笔压力"。

图 10-1-53

第五步：将前景色改成黄色。

第六步：使用钢笔工具绘制一条路径，如图 10-1-54 所示。

图 10-1-54

第七步：新建图层，如图 10-1-55 所示。

图 10-1-55

第八步：点击菜单栏中的"窗口"，再点击"路径"，弹出路径面板。在"工作路径"的位置点击右键，选择"描边路径"，如图 10-1-56 所示。

在弹出的"描边路径"对话框中，工具选择"画笔"，在"模拟压力"前打"√"，如图 10-1-57 所示。

图 10-1-56   图 10-1-57

第九步：点击"确定"后，图片如图 10-1-58 所示。

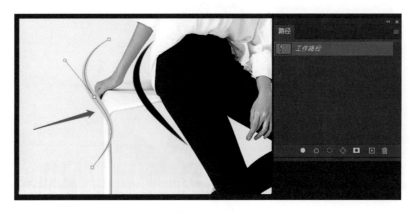

图 10-1-58

第十步：点击路径面板的空白处，如图 10-1-59 所示，路径即可取消，任务完成，效果如图 10-1-60 所示。

图 10-1-59

图 10-1-60

第 11 天
学会简单海报制作

设计海报需要运用很多工具进行组合，前面 10 天的课程已经讲解了很多修图工具，本部分讲解文本工具。文本工具属于比较重要的工具，学会使用文本工具，就可以进行简单的海报制作，比如广告牌、菜单、宣传单等。

11.1 文本工具

文本工具用于各类字体的展现，包括横排文字工具、直排文字工具、直排文字蒙版工具、横排文字蒙版工具。

实操案例 1

练习使用文本工具字符框（1）

第一步：启动 Photoshop，新建尺寸为 800×400、单位为像素、分辨率为 72、颜色模式为 RGB 颜色的画板，如图 11-1-1 所示。

第二步：选择"横排文字工具"，如图 11-1-2 所示。

图 11-1-2

图 11-1-1

第三步：在选项栏中将字体项选择"黑体"，大小改成"72点"，样式改成"锐利"，如图11-1-3所示。

图11-1-3

样式不能选择"无"，如图11-1-4示，若选"无"，则字体边缘不美观，会有毛边。

第四步：用鼠标左键点击画板，会有光标出现，如图11-1-5所示。

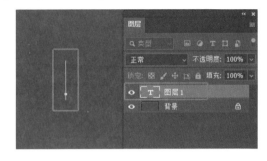

图11-1-4　　　　　　　　　　　图11-1-5

输入"欣然设计"四个字，用鼠标左键点击图11-1-6所示位置，按住鼠标左键往前面拖，选中"欣然"二字，如图11-1-7所示。

图11-1-6　　　　　　　　　　　　　图11-1-7

点击选项栏中的色块，在弹出的拾色器面板中选择黄色，点击"确定"，如图11-1-8所示。再点击选项栏中的"√"，"欣然"二字即可变成黄色。

图11-1-8

第五步：用鼠标左键点击图 11-1-9 所示位置，按"Enter"键，文字即可变成两行，如图 11-1-10 所示。

图 11-1-9

图 11-1-10

如果图 11-1-10 中两行文字行距不合适，可用鼠标左键点击"计"字后面，如图 11-1-11 所示。

再按住鼠标左键往前面拖，将 4 个字全部选中，如图 11-1-12 所示。

图 11-1-11

图 11-1-12

点击"切换字符和段落面板"图标，如图 11-1-13 所示。

图 11-1-13

在行距设置框内输入数值，即可自行调整行距，如图 11-1-14 所示。

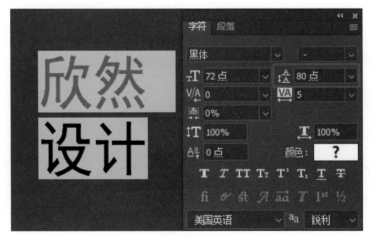

图 11-1-14

第六步：在选项栏中点击"√"，如图 11-1-15 所示，即可完成，效果如图 11-1-16 所示。

图 11-1-15

图 11-1-16

实操案例 2

练习使用文本工具字符框（2）

第一步：启动 Photoshop，新建尺寸为 800×400、单位为像素、分辨率为 72、颜色模式为 RGB 颜色、背景内容为深蓝色的画板，如图 11-1-17 所示。

第二步：选择"横排文字工具"。在选项栏中将字体项选择"黑体"，大小改为"100 点"，样式改为"锐利"。

第三步：输入"欣然设计"四个字，如图 11-1-18 所示。

图 11-1-17

图 11-1-18

第四步：点击"切换字符和段落面板"图标，如图 11-1-19 所示。

图 11-1-19

第五步：选中文字图层，用鼠标左键双击文字，如图 11-1-20 所示，将颜色换成黄色，如图 11-1-21 所示。

图 11-1-20

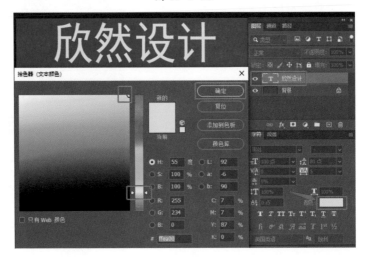

图 11-1-21

如图 11-1-22 所示，用鼠标左键点击红框中"黑体"二字右侧的下拉图标，在弹出的对话框中选择字体。

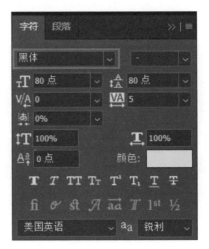

图 11-1-22

第六步：如图 11-1-23 所示，改变"设置字体大小"框中的数值可以改文字大小。在框中输入 80 点，按下"Enter"键，文字即可变成 80 点大小。

图 11-1-23

第七步：如图 11-1-24 所示，改变"设置所选字符的字距调整"框中的数值可以改字符间距。

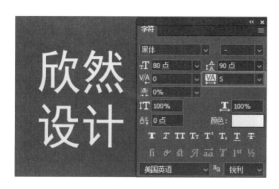

图 11-1-24

在框内输入 280，按"Enter"键，字符间距即可变大，如图 11-1-25 所示。

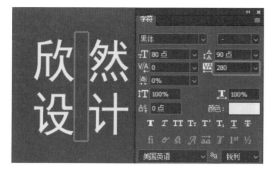

图 11-1-25

第八步：如图 11-1-26 所示，通过调整"垂直缩放"框中的百分比可以拉长或缩短文字。

图 11-1-26

在"垂直缩放"框内输入 50%，文字即被压扁，如图 11-1-27 所示。

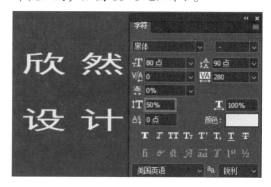

图 11-1-27

第九步：如图 11-1-28 所示，通过改变"设置基线偏移"框中的数值可以调整单个文字的上浮和下沉。

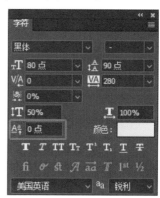

图 11-1-28

用鼠标左键选中"然"字，在"设置基线偏移"框中输入数值50，并按下"Enter"键，如图11-1-29所示。

图11-1-29

在选项栏中点击"√"，如图11-1-30所示，即可完成。

图11-1-30

第十步：如图11-1-31所示，通过改变"设置文本颜色"框中的颜色，可以改文字颜色。

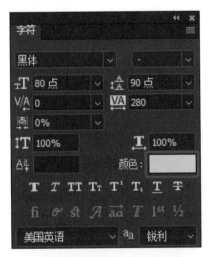

图11-1-31

选中文字图层，点击色块，如图11-1-32所示。

图11-1-32

在弹出的拾色器里改颜色，如图11-1-33所示，点击"确定"，即可完成文字改色。

图11-1-33

第十一步：点击图11-1-34所示图标，即可使文字加粗。

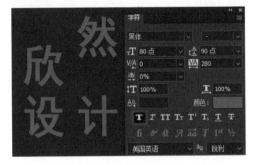

图11-1-34

第十二步：点击图11-1-35所示图标，即可使文字倾斜。

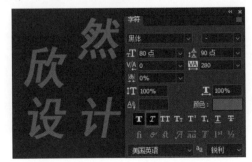

图11-1-35

第十三步：输入英文字母 abc 并选中文字，点击图 11-1-36 所示位置，文字即可变成大写，如图 11-1-37 所示。

图 11-1-36

图 11-1-37

第十四步：如图 11-1-38 所示，按住鼠标左键选择"BC"，点击图 11-1-39 所示图标，即可使所选文字改成小型大写字母。

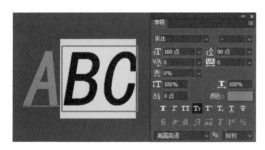

图 11-1-38

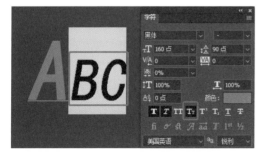

图 11-1-39

第十五步：如图 11-1-40 所示，输入 CM2，按住鼠标左键，选中数字"2"，点击图 11-1-41 所示图标，即呈现"CM^2"效果。

图 11-1-40

图 11-1-41

第十六步：输入 CM2，按住鼠标左键，选中数字"2"，如图 11-1-42 所示。点击图 11-1-43 所示图标，点击选项栏中的"√"，即呈现"CM$_2$"效果。

图 11-1-42

图 11-1-43

第十七步：输入 CM2 并选中文字，点击图 11-1-44 所示图标，即呈现下划线效果。

第十八步：输入 CM2 并选中文字，点击图 11-1-45 所示图标，会呈现删除线效果。

图 11-1-44

图 11-1-45

实操案例 3

设计路径字

第一步：启动 Photoshop，新建尺寸为 800×400、单位为像素，分辨率为 72、颜色模式为 RGB 颜色、背景内容为白色的画板，如图 11-1-46 所示。

第二步：选择"钢笔工具"，选项改成"路径"，如图 11-1-47 所示。

图 11-1-46

图 11-1-47

第三步：绘制一条路径，如图 11-1-48 所示。

图 11-1-48

第四步：选择"横排文字工具"，用鼠标左键点击路径，如图 11-1-49 所示。

图 11-1-49

输入文字，如图 11-1-50 所示。

图 11-1-50

点击选项栏中的"√"即可完成。

如果输入文字后，文字未出现，可以按住"Ctrl"，再按住鼠标左键拖动圆圈，文字即可出现，如图 11-1-51 所示。

图 11-1-51

实操案例 4

练习使用竖排文字工具

第一步：启动 Photoshop，新建尺寸为 800×800、单位为像素、分辨率为 72、颜色模式为 RGB 颜色的画板，如图 11-1-52 所示。

图 11-1-52

第二步：输入文字"欣然设计"，如图 11-1-53 所示。

图 11-1-53

第三步：点击图 11-1-54 所示图标，即变成竖排文字。点击选项栏中的"√"即可完成。

图 11-1-54

🖱 实操案例 5

练习使用文本框

第一步：启动 Photoshop，新建尺寸为 800×800、单位为像素、分辨率为 72、颜色模式为 RGB 颜色的画板，如图 11-1-55 所示。

图 11-1-55

第二步：选择"横排文字工具"，如图 11-1-56 所示。

图 11-1-56

第三步：用鼠标左键点击画板，不松手，拖动鼠标，拉出一个矩形框，如图 11-1-57 所示。

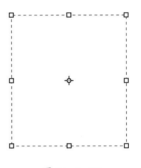

图 11-1-57

在方形框里，输入文字"PHOTO-SHOP25 天学习法……"，点击选项栏中的"左对齐文本"图标，即可使文字左对齐，再点击"√"即可完成，如图 11-1-58。

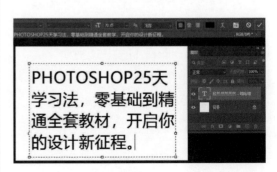

图 11-1-58

第 ⑫ 天
学会鼠绘

鼠绘是鼠标绘画的简称，常用于绘制扁平化图片、卡通图片及徽标设计等，用到的工具主要有形状工具、钢笔工具、文本工具等。前面已经讲解了钢笔工具和文本工具，本部分主要讲解形状工具。

12.1 形状工具

运用形状工具可以绘制出多种矢量图形，如图 12-1-1 所示。

如图 12-1-2 所示，选择"矩形工具"，点击文字"形状"，可以看到形状、路径、像素三种绘图模式。用形状模式画的图放大后不模糊，用路径模式画的图放大后会模糊。

点击"填充"后面的图标，如图 12-1-3 所示，会弹出画板，①号表示不填充颜色；②号表示填充纯色，可以点击展开并选择颜色；③号表示填充渐变颜色，颜色可以随机选择；④号表示可以填充图案；⑤号表示拾色器，可以点击展开并选择颜色。

图 12-1-1

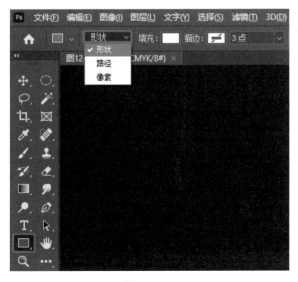

图 12-1-2

图 12-1-3

点击"描边"后面的图标，如图12-1-4所示，可选择描边颜色。

图 12-1-4

点击"描边选项"图标，如图12-1-5所示，在描边选项对话框中有不同的样式可以选择。

图 12-1-5

🖱 实操案例1

绘制矩形

第一步：启动 Photoshop，新建尺寸为 800×800、单位为像素、分辨率为72、颜色模式为 RGB 颜色的画板。如图12-1-6 所示。

图 12-1-6

第二步：用鼠标右键点击"矩形工具"图标，并选择"矩形工具"，如图 12-1-7 所示。

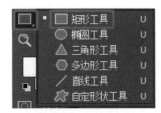

图 12-1-7

第三步：在选项栏中的"填充"项选择"蓝色"，也可以选择红框内的颜色，如图 12-1-8 所示。

图 12-1-8

"描边"项选择"米黄色"，也可以选择红框内的颜色，如图 12-1-9 所示。

描边后面的数值表示描边的粗细，如图 12-1-10 所示。

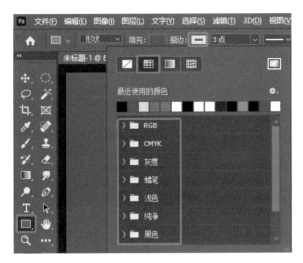

图 12-1-9

图 12-1-10

点"描边选项"图标，选择虚线，然后用鼠标左键点击画板，不松手并拖动鼠标，即可画出矩形，如图 12-1-11 所示。

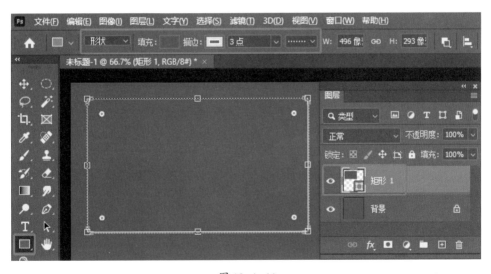

图 12-1-11

实操案例2

绘制各种形状

第一步：启动 Photoshop，新建尺寸为 800×800、单位为像素、分辨率为 72、颜色模式为 RGB 颜色的画板，如图 12-1-12 所示。

第二步：选择"矩形工具"，如图 12-1-13 所示。

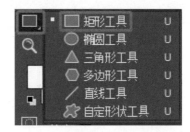

图 12-1-12   图 12-1-13

第三步：在选项栏中的"填充"项选择"蓝色"，"描边"选择"米黄色"，如图 12-1-14 所示。

图 12-1-14

第四步：在"半径"项中输入20像素，用鼠标左键点击画板不松手，拖动鼠标即可画出圆角矩形，如图12-1-15所示。

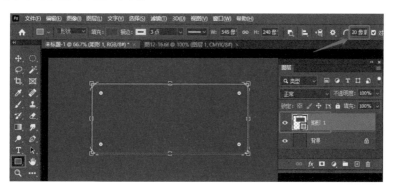

图 12-1-15

可以在"属性"对话框中调整半径，如图12-1-16所示，也可以拖动矩形内的圆圈来调整矩形的圆角大小。

图 12-1-16

第五步：选择"矩形工具"，按住"Shift"键即可绘制正方形，如图12-1-17所示。

第六步：选择"椭圆工具"，绘制椭圆；按住"Shift"键，可绘制圆形，如图12-1-18所示。

图 12-1-17

图 12-1-18

第七步：选择"多边形工具"，边数可以根据需求输入。例如，将边数设置为5，点击红框所示图标，在弹出的"路径选项"对话框中将星形比例设置为100%，再进行绘制，如图12-1-19所示。

图 12-1-19

第八步：选择"多边形工具"，将边数设置为5，将星形比例设置为50%，即可绘制五角星，如图12-1-20所示。

图 12-1-20

第九步：选择"直线工具"，按住"Shift"键，用鼠标左键即可画出直线，如图12-1-21所示。

图 12-1-21

在路径选项对话框中点击"设置"，在"箭头"项的"起点""终点"前均打"√"，可绘制出两端带箭头的直线，如图 12-1-22 所示。

使用直线工具，可以标尺寸，绘制引导线。

图 12-1-22

第十步：选择"自定形状工具"，点击选项栏中"形状"后的图标，里面很多形状，都可以尝试绘制，如图 12-1-23 所示。

图 12-1-23

实操案例 3

制作海报

第一步：启动 Photoshop，新建尺寸为 600×800、单位为像素、分辨率为 72、颜色模式为 RGB 颜色的画板，如图 12-1-24 所示。

图 12-1-24

第二步：用鼠标左键把素材图片拖进画板，按下"Enter"键，如图 12-1-25 所示。

图 12-1-25

第三步：输入文字"Modern"，如图 12-1-26 所示。

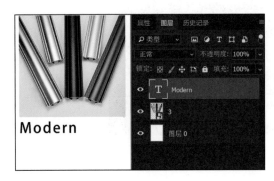

图 12-1-26

在"字符"对话框中调整文字大小。再输入文字"Fashion"，如图 12-1-27 所示。

图 12-1-27

第四步：选择"矩形工具"，绘制出矩形框并填充浅红色，如图 12-1-28 所示。

图 12-1-28

输入文字"划划算 / 到手价 109 元"，在字符对话框中调整文字大小，并将该图层放到形状图层上方，即可完成，如图 12-1-29 所示。

图 12-1-29

实操案例 4

利用形状工具绘制插画

第一步：启动 Photoshop，新建尺寸为 1200×600、单位为像素、分辨率为 72、颜色模式为 RGB 颜色的画板，如图 12-1-30 所示。

图 12-1-30

第二步：选择"渐变工具"，绘制出渐变背景，如图 12-1-31 所示。

图 12-1-31

第三步：选择"椭圆工具"，绘制出圆形，并填充白色，如图 12-1-32 所示。

图 12-1-32

选择"三角形工具"，绘制三角形并填充蓝色，多绘制几个，移动位置，填充渐变色。

选择"钢笔工具"，绘制其他形状并填充渐变色，如图 12-1-33 所示。

图 12-1-33

选择"钢笔工具"，勾出月亮并填充白色，即可完成，如图 12-1-34 所示。

图 12-1-34

>> 进阶篇

第 ⑬ 天
学会简单合成

13.1 蒙版

目的：在不破坏原图片的基础上，将需要的元素留下来，将不需要的元素进行隐藏，以做成合成效果。

主要用途：合成海报、文字投影等。

黑色为隐藏，白色为显示。

实操案例 1

风景合成

第一步：启动 Photoshop，打开素材图片。

第二步：按住鼠标左键，将素材图片 2 拖进 Photoshop 界面，按下 "Enter" 键，如图 13-1-1 所示。

图 13-1-1

第三步：选择图层2，点击下面的"添加矢量蒙版"图标，则会出现图层蒙版缩略图，点击该缩略图，如图 13-1-2 所示。

将前景色调成黑色，如图 13-1-3 所示。

第四步：选择"画笔工具"，将画笔大小调为 380，模式选择"正常"，不透明度、流量调成 100%，画笔样式选择"柔边圆"，如图 13-1-4 所示。

图 13-1-2

图 13-1-3

图 13-1-4

第五步：按住鼠标左键，拖动鼠标，在图层2红色线框内涂抹，如图 13-1-5 所示。

图 13-1-5

第六步：经过多次涂抹，图片即可融合，如图 13-1-6 所示。

图 13-1-6

🖱 **实操案例 2**

给文字做倒影

第一步：启动 Photoshop，新建尺寸为 800×800、单位为像素、分辨率为 72、颜色模式为 RGB 颜色的画板。

第二步：输入"友倾教育"四个字，如图 13-1-7 所示。

第三步：按下快捷键"Ctrl+J"，复制一个图层，如图 13-1-8 所示。

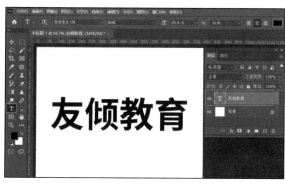

图 13-1-7

图 13-1-8

第四步：按下快捷键"Ctrl+T"，点击鼠标右键，选择"垂直翻转"，将复制的文字移动到与原来的字上下相接的位置，按下"Enter"键，如图 13-1-9 所示。

第五步：点击"添加矢量蒙版"图标，将前景色调成黑色，如图 13-1-10 所示。

图 13-1-9

图 13-1-10

第六步：选择"画笔工具"，将画笔模式选择"正常"，不透明度调成 40%，流量调成 100%，画笔样式选择"柔边圆"，画笔大小调成 130。按住鼠标左键，在下方文字上拖动，多次拖动鼠标，使文字呈现虚化状态即可完成，如图 13-1-11 所示。

图 13-1-11

🖱 实操案例 3

给瓶子做倒影

第一步：启动 Photoshop，新建尺寸为 800×800、单位为像素、分辨率为 72、颜色模式为 RGB 颜色的画板。

第二步：把素材图片拖入画板中，按下"Enter"键，如图 13-1-12 所示。

图 13-1-12

第三步：按下快捷键"Ctrl+J"，复制一个图层，如图 13-1-13 所示。

第四步：按下快捷键"Ctrl+T"，点击鼠标右键，选择"垂直翻转"，如图 13-1-14 所示。

图 13-1-13　　　　　　　　　　　　　图 13-1-14

第五步：将复制图移动到与瓶底贴合处，按下"Enter"键，如图 13-1-15 所示。

第六步：点击"添加图层蒙版"图标，将前景色改成黑色，如图 13-1-16 所示。

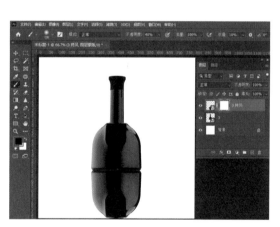

图 13-1-15　　　　　　　　　　　　　图 13-1-16

第七步：选择"画笔工具"，将画笔模式选择"正常"，不透明度调成 40%，流量调成 100%，画笔样式选择"柔边圆"，画笔大小调成 230，如图 13-1-17 所示。

图 13-1-17

第八步：按住鼠标左键，拖动鼠标擦拭瓶子下方，反复多次，将瓶子擦虚即可完成，如图 13-1-18 所示。

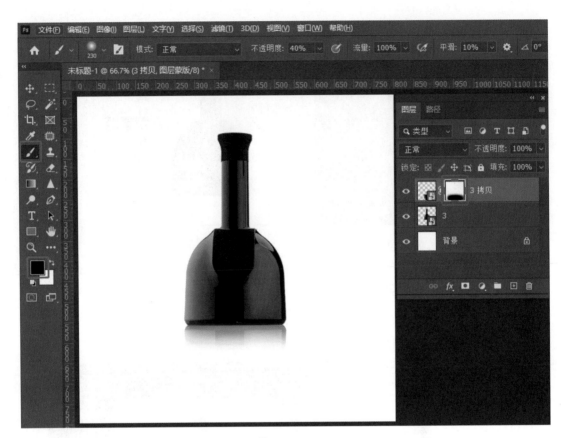

图 13-1-18

第 ⑭ 天
学会相框制作

网上的酷炫相框主要是通过创建剪贴蒙版制作的，本节部分内容讲解剪贴蒙版，结合前面所学内容，即可制作照片墙。

14.1 创建剪贴蒙版

通过创建剪贴蒙版可以用下方图层中图像的形状来控制上方图层图像的显示区域。

🖱 实操案例 1

特效文字设计案例：把素材图片创建到"友倾教育"文字里

第一步：启动 Photoshop，新建尺寸为 800×500、单位为像素、分辨率为 72、颜色模式为 RGB 颜色的画板。

第二步：在画板上输入"友倾教育"四个字，如图 14-1-1 所示。

图 14-1-1

第三步：按住鼠标左键把素材图片拖进来，按下"Enter"键，如图 14-1-2 所示。

图 14-1-2

第四步：在图片图层点击鼠标右键，选择"创建剪贴蒙版"，如图 14-1-3 所示。

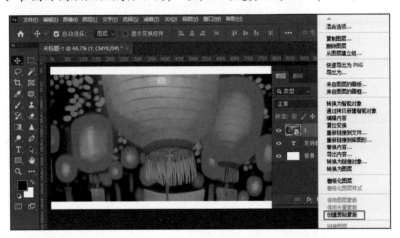

图 14-1-3

第五步：完成效果如图 14-1-4 所示。无论如何移动图片图层，图片都不会超出文字轮廓范围。

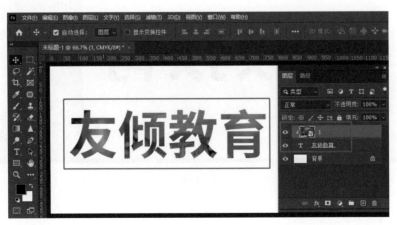

图 14-1-4

第六步：如果想释放剪贴蒙版，可用鼠标右键点击图1图层，选择"释放剪贴蒙版"即可，如图14-1-5所示。

注意：创建剪贴蒙版的图层必须是上下相邻的，中间不能穿插别的图层，且图层顺序一定要对。

图 14-1-5

实操案例2

照片墙制作

第一步：启动 Photoshop，打开素材图片。

第二步：在工作区中用钢笔工具画出矩形，填充选择黄色，描边选择"无颜色"，如图14-1-6所示。

图 14-1-6

第三步：按住鼠标左键把素材图片拖进来，并调整图片大小，按下"Enter"键，如图 14-1-7 所示。

图 14-1-7

第四步：在图片图层点击鼠标右键，选择"创建剪贴蒙版"，如图 14-1-8 所示。

图 14-1-8

第五步：无论怎么移动图片图层，图片都不会超出矩形范围，如图 14-1-9 所示。

图 14-1-9

实操案例 3

制作海报

第一步：启动 Photoshop，打开素材图片。

第二步：按住鼠标左键把素材图片 5 拖进来，并调整图片大小，按下"Enter"键，如图 14-1-10 所示。

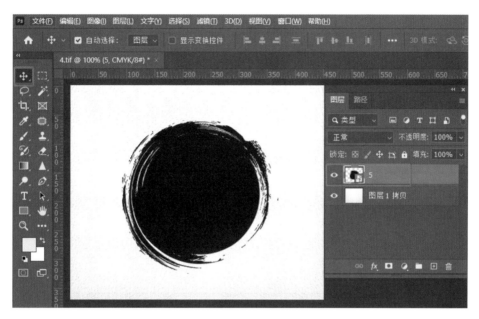

图 14-1-10

第三步：按住鼠标左键把素材图片 6 拖进来，并调整图片大小，按下"Enter"键，如图 14-1-11 所示。

图 14-1-11

第四步：用鼠标右键点击图片 6 图层，选择"创建剪贴蒙版"，如图 14-1-12 所示。

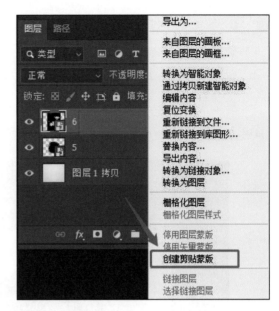

图 14-1-12

第五步：无论怎么移动图片 6 图层，图片 6 都不会超出图片 5 轮廓的范围，如图 14-1-13 所示。

图 14-1-13

第 15 天
学会特效设计

15.1 图层样式

图层样式的主要用途为做字体或图片特效，如外发光、内发光、阴影、内阴影、描边、斜面浮雕、颜色叠加、渐变叠加、图案叠加等。

实操案例 1

设计形状发光效果

第一步：启动 Photoshop，新建尺寸为 800×800、单位为像素、分辨率为 72、颜色模式为 RGB 颜色、背景内容为深灰色的画板。

第二步：选择"钢笔工具"，在选项栏选择"形状"，填充选择无颜色，描边选 18 像素，如 15-1-1 所示。

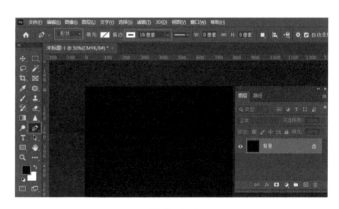

图 15-1-1

第三步：在画板上画出箭头形状，如图 15-1-2 所示。

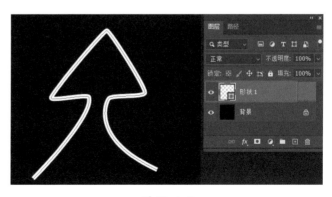

图 15-1-2

第四步：用鼠标左键选择形状 1 图层，再点击图层下方的"添加图层样式"图标"*fx*"，并选择"内发光"，如图 15-1-3 所示。

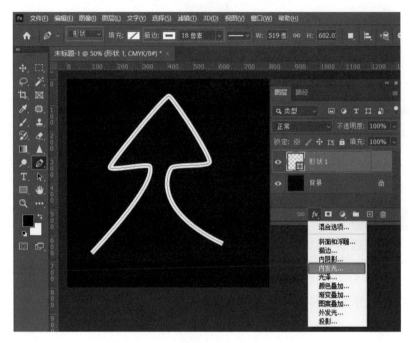

图 15-1-3

第五步：在图层样式对话框中，将内发光面板中的混合模式改成"正常"，面板上的数值可以根据需要进行设置，如图 15-1-4 所示。

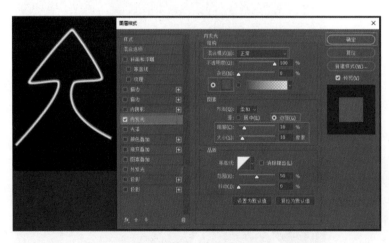

图 15-1-4

第六步：在图层样式对话框中，在"投影"前打"√"。如图 15-1-5 所示，投影后面有个"+"号，表示可以多次投影，点一次"+"号，投影一次。如果需要多次投影，可点击多次，每一次投影都可单独设置数值。

图 15-1-5

第一次点击投影，投实影，边缘不虚化，即可把距离调大，大小可调整为 0，这样投影的边缘很清晰，如图 15-1-6 所示。

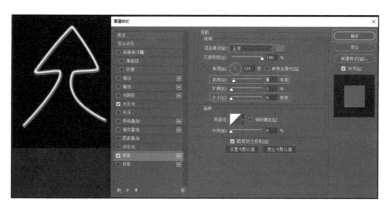

图 15-1-6

第二次点击投影，投虚影，边缘虚化，距离和大小可根据需要设置，如图 15-1-7 所示。

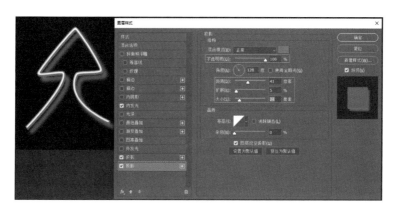

图 15-1-7

如需删除投影，则选中不需要的投影，点"删除效果"图标即可，如图 15-1-8 所示。

图 15-1-8

设置完毕后，点击"背景"图层即可完成，如图 15-1-9 所示。

图 15-1-9

实操案例 2

设计立体卡通文字效果

第一步：启动 Photoshop，新建尺寸为 800×500、单位为像素、分辨率为 72、颜色模式为 RGB 颜色、背景内容为深灰色的画板。

第二步：在画板上输入"友倾教育"四字，如图 15-1-10 所示。

图 15-1-10

第三步：用鼠标左键选择"友倾教育"图层，点击图层下方的"添加图层样式"图标"fx"，选择"描边"，如图 15-1-11 所示。

图 15-1-11

第四步：在图层样式对话框中，将描边面板中的大小设置为 2，位置选择"外部"，混合模式选择"正常"，不透明度调为 100%，填充类型可以根据需要进行选择，然后点击"确定"，如图 15-1-12 所示。

图 15-1-12

第五步：在"内阴影"前打"√"，在内阴影面板中把混合模式改成"正常"，数值可根据需要进行设置，预览选择需要的颜色，如图 15-1-13 所示。

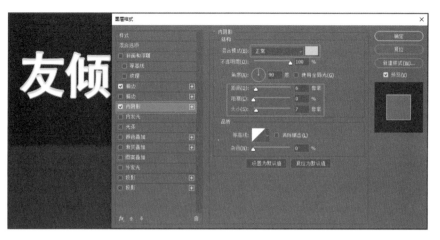

图 15-1-13

点击"等高线"后的下拉菜单图标，选择需要的样式，如图 15-1-14 所示。

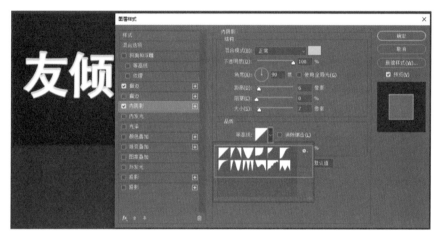

图 15-1-14

如没有需要的样式，可以点击该框，进入等高线编辑器，在预设中选择"自定"，再根据需要进行调整，如图 15-1-15 所示。

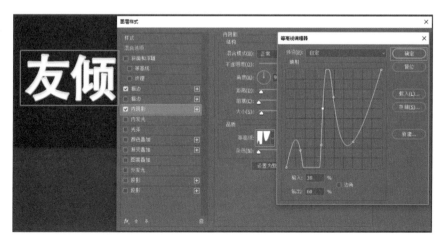

图 15-1-15

第六步：在"投影"前打"√"，可多次投影，每次投影都可以单独设置数值，如图 15-1-16 所示。

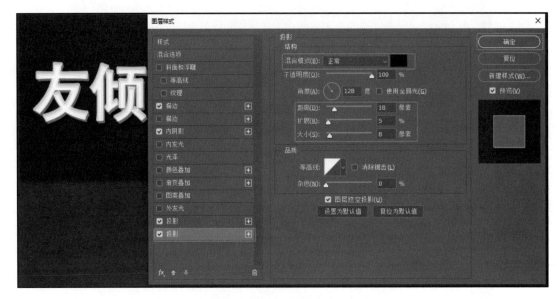

图 15-1-16

完成效果如图 15-1-17 所示。

图 15-1-17

实操案例 3

设计锋利立体金属字效果

第一步：启动 Photoshop，新建尺寸为 800×500、单位为像素、分辨率为 72、颜色模式为 RGB 颜色、背景内容为深灰色的画板。

第二步：拖入素材图片 3，根据需要调整大小，如图 15-1-18 所示。

图 15-1-18

第三步：拖入素材图片 4，根据需要调整大小，放到素材图片 3 图层的上面，如图 15-1-19 所示。

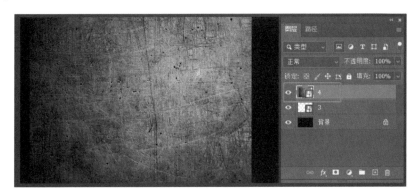

图 15-1-19

第四步：用鼠标右键点击图片 4 图层，并选择创建剪贴蒙版，如图 15-1-20 所示。

图 15-1-20

创建完成，如图 15-1-21 所示。

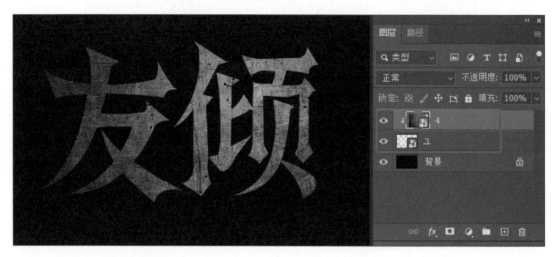

图 15-1-21

第五步：用鼠标左键选择"图片 3 图层"，点击图层下方的"添加图层样式"图标"fx"，并选择"斜面和浮雕"，如图 15-1-22 所示。

第六步：在斜面和浮雕面板中，样式选择"内斜面"，方法选择"雕刻清晰"，深度调为 1000%，软化调为 0，大小自由调整，等高线自由选择。高光模式选择"正常"，不透明度可手动调节；阴影模式选择"正片叠底"，不透明度可手动调节，如图 15-1-23 所示。

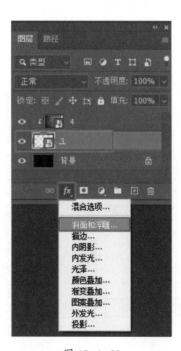

图 15-1-22

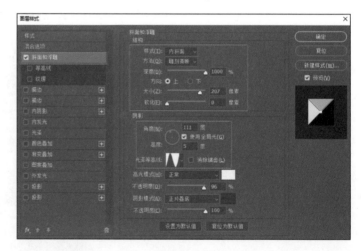

图 15-1-23

第七步：在"投影"前打"√"，点击后面的"+"号可多次投影，每次投影可以单独设置，如图 15-1-24 所示。完成效果如图 15-1-25 所示。

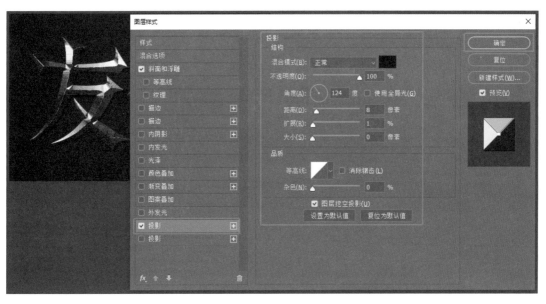

图 15-1-24

图 15-1-25

🖱 实操案例 4

设计文字渐变、发光效果

第一步：启动 Photoshop，新建尺寸为 800×500、单位为像素、分辨率为 72、颜色模式为 RGB 颜色、背景内容为深灰色的画板。

第二步：拖入图片 3，并调整大小。

第三步：用鼠标左键选择"图片 3 图层"，点击图层下方的"添加图层样式"图标"fx"，并选择"渐变叠加"，如图 15-1-26 所示。

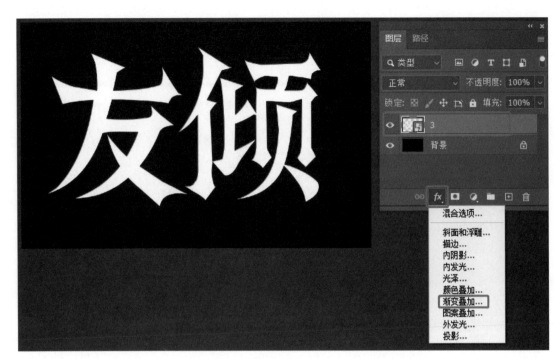

图 15-1-26

　　第四步：在渐变叠加面板中，混合模式选"正常"，点击渐变后的色块，在弹出的渐变编辑器对话框中选择颜色，样式选择"线性"，角度可以调整，缩放值越大越柔和，如图 15-1-27 所示。

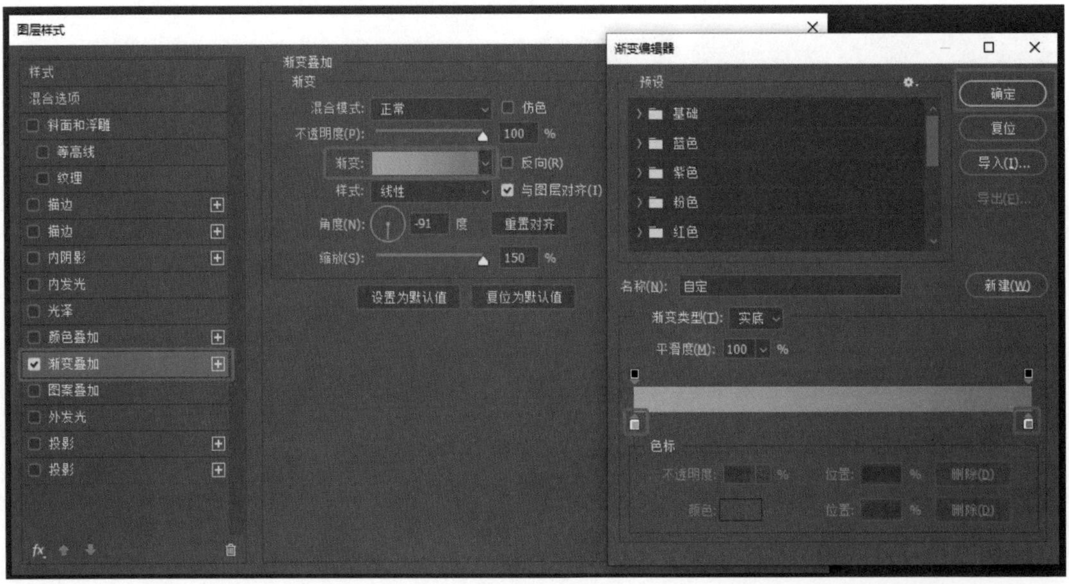

图 15-1-27

第五步：在图层样式对话框中，在"外发光"前打"√"，在外发光面板中把混合模式改成"正常"，面板上的数值可根据需要进行设置。如图 15-1-28 所示。

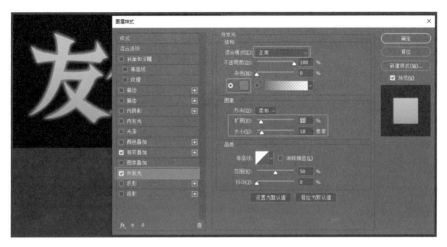

图 15-1-28

点击等高线后的下拉图标选择样式，然后点击"确定"，如图 15-1-29 所示。完成效果如图 15-1-30 所示。

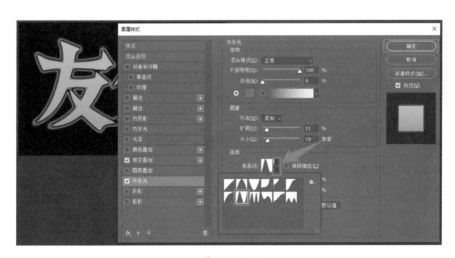

图 15-1-29

图 15-1-30

实操案例 5

设计图案叠加效果

第一步：启动 Photoshop，新建尺寸为 800×500、单位为像素、分辨率为 72、颜色模式为 RGB 颜色、背景内容为深灰色的画板。

第二步：拖入素材图片 3，并调整大小。

第三步：用鼠标左键选择图片 3 图层，点击图层下方的"添加图层样式"图标"fx"，并选择"图案叠加"，如图 15-1-31 所示。

图 15-1-31

第四步：在图案叠加面板中，将混合模式选择"正常"，并根据需要选择图案，角度和缩放都可以自由设置，如图 15-1-32 所示。

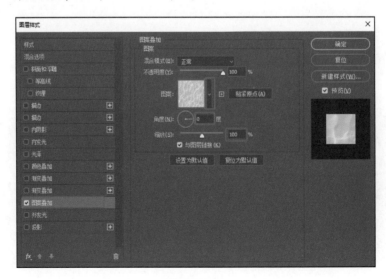

图 15-1-32

缩放值越大，图案被放大得越大，如图 15-1-33 所示。

图 15-1-33

如果里面没有所需要的图案，可以点击图 15-1-34 所示图标，再点击"导入图案"。

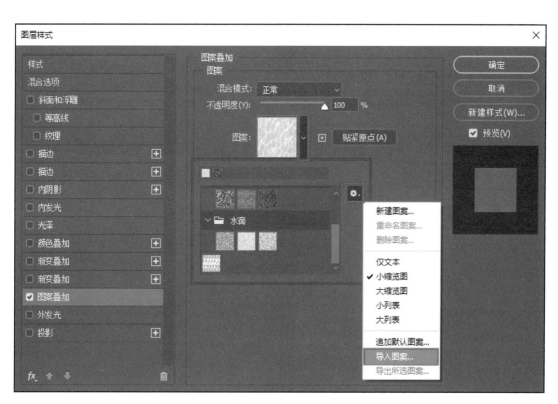

图 15-1-34

找到图案路径，点击"载入"，如图 15-1-35，面板中即出现导入的图案，选择喜欢的图案，点击"确定"，如图 15-1-36 所示。

图 15-1-35

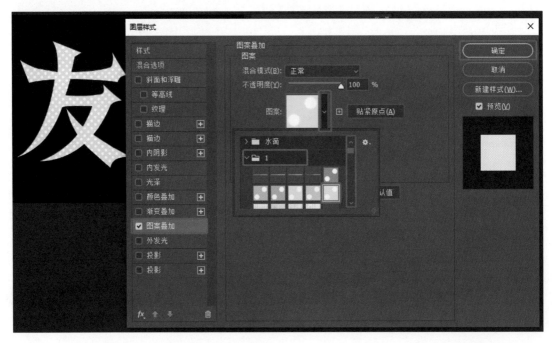

图 15-1-36

第五步：图案叠加效果如图 15-1-37 所示。

图 15-1-37

第六步：在图层样式对话框中，在"投影"前打"√"，如图 15-1-38 所示。可多次投影，每次投影可以自定义数值，设置完成后点击"确定"即可。完成效果如图 15-1-39 所示。

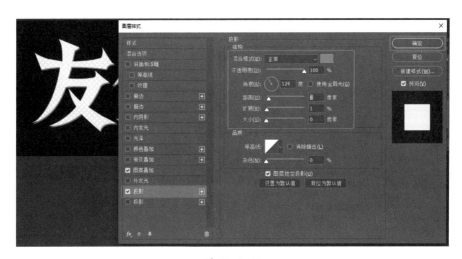

图 15-1-38

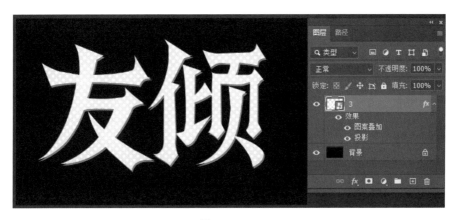

图 15-1-39

学会混合选项及合成海报

16.1 混合选项——变暗模式

变暗模式包含：变暗、正片叠底、颜色加深、线性加深、深色。

变暗模式的原理是选取两个颜色中的暗色作为最终的颜色，亮于底色的颜色会被替换，暗于底色的颜色保持不变。

实操案例 1

给衣服加图案

第一步：启动 Photoshop，打开素材图片 1。

第二步：选择"移动工具"，把素材图片 2 拖入素材图片 1 中，并调整好图片大小，如图 16-1-1 所示。

图 16-1-1

第三步：用鼠标左键点击图层2，在混合模式选项中选择"变暗、正片叠底、颜色加深、线性加深、深色"中的一个，这几个样式中每一个都可以把白色背景去除，如图16-1-2所示。

图 16-1-2

亮于底色的颜色被替换，暗于底色的颜色保持不变。这样无须抠图，即可将不需要的底色去除，完成效果如图16-1-3所示。

图 16-1-3

实操案例2

给鞋子换背景

第一步：启动 Photoshop，打开素材图片5。

第二步：选择移动工具，把素材图片6和素材图片7拖入素材图片5中，如图16-1-4所示。

图 16-1-4

按住"Ctrl"键，点击图片6图层、图片7图层，同时选中两个图层，点击鼠标右键，选择"链接图层"，如图16-1-5所示。

图 16-1-5

点击鞋子，调整鞋子的位置和大小，如图 16-1-6 所示。

图 16-1-6

　　第三步：点击图片 6 图层，将混合模式改为"正片叠底"，如图 16-1-7 所示，亮于底色的颜色被替换，暗于底色的颜色保持不变。这样无须抠图，即可将不需要的底色去除，如图 16-1-8 所示。

图 16-1-7

图 16-1-8

16.2 混合选项——变亮模式

变亮模式包含：变亮、滤色、颜色减淡、线性减淡（添加）、浅色。

变亮模式的原理是取两个颜色中的亮色作为最终色，亮于底色的颜色被保留，暗于底色的颜色被替换。

🖱 **实操案例 1**

给文字加光效

第一步：启动 Photoshop，打开素材图片 1。

第二步：把素材图片 2 拖入素材图片 1 中，并调整好图片 2 大小，如图 16-2-1 所示。

图 16-2-1

图 16-2-2

第三步：点击图层 2，在混合模式选项中选择"变亮、滤色、颜色减淡、线性减淡（添加）、浅色"中的一个，如图 16-2-2 所示。这几个样式中每一个都可以将黑色背景去除，暗于底色的颜色被替换，无须抠图即可去除不需要的底色，如图 16-2-3 所示。

图 16-2-3

第四步：按下快捷键"Ctrl+T"调整光源大小，如图 16-2-4 所示。

图 16-2-4

第五步：用鼠标右键点击光源处，并选择"变形"，如图 16-2-5 所示，把光源变形为围着字的边缘。

图 16-2-5

第六步：变形完成后按下"Enter"键，完成效果如图 16-2-6 所示。

图 16-2-6

实操案例 2

给衣服加徽标

第一步：启动 Photoshop，打开素材图片 3。

第二步：点击移动工具，把素材图片 4 拖入素材图片 3 中，并调整好素材图片 4 大小，如图 16-2-7 所示。

图 16-2-7

第三步：点击图片 4 图层，混合模式改为"变亮、滤色、颜色减淡、线性减淡、浅色"中的一个。这几个模式针对不同的颜色效果不一样，可以按快捷键"Ctrl+J"复制图片 4，在不同的底色上换不同的模式，如图 16-2-8、图 16-2-9 所示。

图 16-2-8

图 16-2-9

16.3 混合选项——对比模式

对比模式可以提高两张图片的对比度和饱和度，包含叠加、柔光、强光、亮光、线性光、点光和实色混合。

🖱 实操案例 1

给风景调色 1

第一步：启动 Photoshop，打开素材图片 1。

第二步：按下快捷键"Ctrl+J"复制图片 1 图层，如图 16-3-1 所示。

第三步：混合模式选择"叠加"，不透明度调整为 70%，即可完成，如图 16-3-2 所示。

图 16-3-1

图 16-3-2

实操案例 2

给风景调色 2

第一步：启动 Photoshop，打开素材图片 2。

第二步：按下快捷键"Ctrl+J"复制图片 2 图层，如图 16-3-3 所示。

第三步：混合模式选择"强光"，即可完成，如图 16-3-4 所示。

图 16-3-3

图 16-3-4

实操案例3

合成简单海报

第一步：启动 Photoshop，新建尺寸为 800×1100、单位为像素、分辨率为72、颜色模式为 RGB 颜色的画板。

第二步：选择"移动工具"，将素材图片3拖入画布中，如图16-3-5所示。

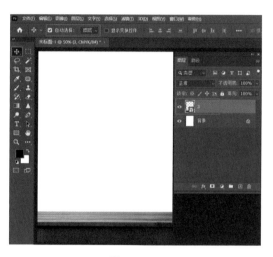

图 16-3-5

第三步：将素材图片4拖入画布中，并调整图片大小，将素材图片4图层移动到素材图片3图层下方，如图16-3-6所示。

图 16-3-6

第四步：将素材图片5拖入画布中，并调整图片大小，将素材图片5图层移动到素材图片4图层下方，如图16-3-7所示。

图 16-3-7

第五步：将素材图片6拖入画布中，并调整图片大小，将图片6图层移动到图片3图层上方，如图16-3-8所示。

图 16-3-8

第六步：按下快捷键"Ctrl+Shift+N"新建图层1，如图16-3-9所示。

图 16-3-9

第七步：将前景色调成黑色，用画笔绘制一圈黑色，如图16-3-10所示。

图 16-3-10

将混合模式改成"柔光"，如图16-3-11所示。

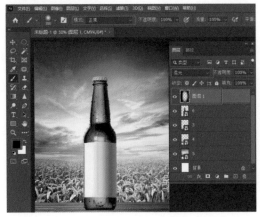

图 16-3-11

第八步：新建图层2，将前景色调成深棕色，用画笔画椭圆，如图16-3-12所示。

图 16-3-12

第九步：将图层2移动到图片6图层的下方，如图16-3-13所示。

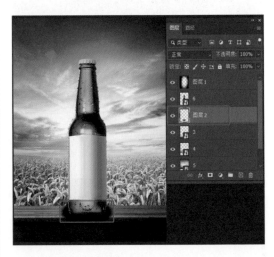

图 16-3-13

选择图层2，先按下快捷键"Ctrl+T"变换，再按住"Ctrl"键将椭圆压扁，如图16-3-14所示，放在瓶子下方，做成瓶子的投影，按下"Enter"键，即可完成，如图16-3-15所示。

图 16-3-14

图 16-3-15

16.4 混合选项——差集模式、颜色模式

差集模式包含差值、排除、减去、划分，主要用于制作反差、反色效果。

颜色模式包含色相、饱和度、颜色、明度，主要作用是将上层图像颜色信息衬映到下层图片中。

实操案例

将黑白文稿改成彩色

第一步：启动 Photoshop，打开素材图片1。

第二步：选择"移动工具"，把素材图片2拖入素材图片1中，并调整素材图片2的大小，如图16-4-1所示。

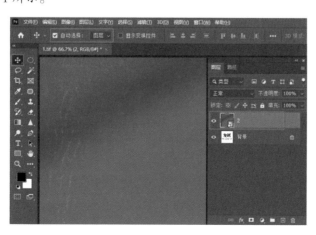

图 16-4-1

第三步：点击图片 2 图层，混合模式改为"颜色"，如图 16-4-2 所示。文字即成彩色效果，如图 16-4-3 所示。

图 16-4-2

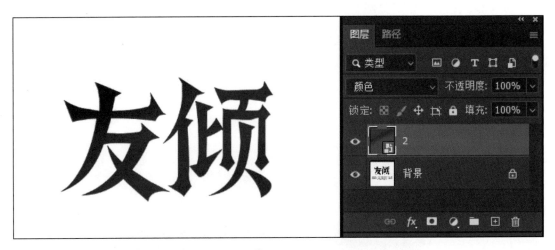

图 16-4-3

第17天
学会调色及修图

调色和修图功能在作图过程中使用得比较多，平时可以多练习、多预览不同设置的效果，以便能在实际操作中灵活应用。

17.1 曲线

曲线是常用的调色方式，可以准确把控图片细节的颜色。

实操案例 1

风景调色：用曲线工具使天空更蓝、草地更绿

第一步：启动 Photoshop，打开素材图片。

第二步：按下快捷键"Ctrl+M"，按住鼠标左键在弹出的曲线面板中拖动曲线，如图 17-1-1 所示。

点击"确定"，即可把图片变亮。如果没有调整层，后期不方便修改，原图会被破坏，且无法恢复。

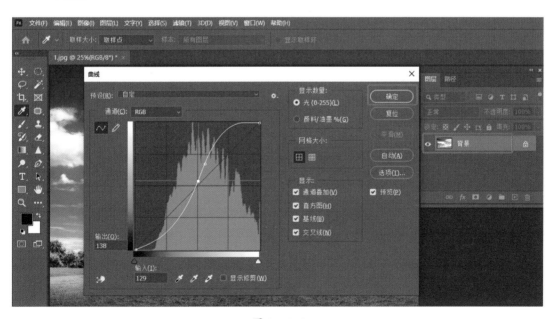

图 17-1-1

第三步：如想不破坏原图，可点击图层面板下方的"创建新的填充或者调整图层"图标，选择"曲线"，如图17-1-2所示，会出现调整层曲线1和曲线面板，图17-1-3所示。

图 17-1-2

图 17-1-3

第四步：点击"RGB"，出现红、绿、蓝选项，可根据单个颜色进行调色，如图17-1-4所示。

图 17-1-4

第五步：点击RGB，选择"蓝"，按住鼠标左键，拖动曲线，如图17-1-5所示，则天空会变得更蓝。

图 17-1-5

可以增加点绿色，使视觉上更舒服。点击"RGB"，选择"绿"，按住鼠标左键拖动曲线，调整到合适的颜色，如图17-1-6所示，天空的颜色调整完毕。

图 17-1-6

第六步：调整草地颜色时，选择调整层曲线 1，将前景色调成黑色，调整画笔大小，把草地部分颜色擦除，如图 17-1-7 所示。

图 17-1-7

第七步：点击"创建新的填充或者调整图层"图标，会出现调整层曲线 2 和曲线面板，如图 17-1-8 所示。

图 17-1-8

点击"RGB"，选择"绿"，按住鼠标左键拖动曲线，如图 17-1-9 所示。

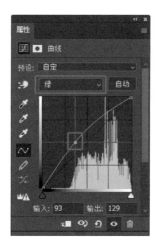

图 17-1-9

点击"RGB"，选择"蓝"，按住鼠标左键拖动曲线，如图 17-1-10 所示，草地会变得更绿。

图 17-1-10

第八步：如发现天空颜色也跟随草地颜色发生变化，可选择调整层曲线 2，将前景色调成黑色，调整画笔大小，把后期增加的天空颜色擦除，如图 17-1-11 所示，即可完成。

图 17-1-11

🖱 实操案例 2

用曲线工具将鞋子背景一键改白色

第一步：启动 Photoshop，打开素材图片。

第二步：点击"创建新的填充或调整图层"图标，选择"曲线"，如图 17-1-12 所示，会出现调整层和曲线面板。

图 17-1-12

第三步：如图 17-1-13 所示，点击"在图像中取样以设置白场"图标。

图 17-1-13

第四步：点击图片中的白色位置，如图 17-1-14 所示，背景即可变成白色。

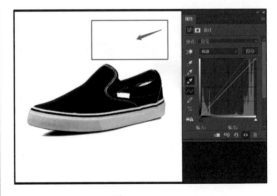

图 17-1-14

17.2 色阶

色阶是用于处理图片的调色工具。

实操案例

天空调色：利用色阶和曲线工具把天空调得更清新

第一步：启动 Photoshop，打开素材图片。

第二步：点击"创建新的填充或调整图层"图标，选择"色阶"，如图 17-2-1 所示，会出现调整层和色阶面板。

图 17-2-1

第三步：如图 17-2-2 所示，点击黑色三角标往右拖动，暗的地方会变得更暗；点击白色三角标，往左拖动，如图 17-2-3 所示，亮的地方会变得更亮。这样图片就变得很清晰了，如图 17-2-4 所示。

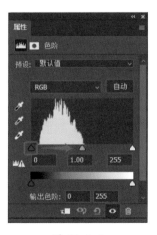

图 17-2-2

图 17-2-3

图 17-2-4

如图 17-2-5 所示，点击"创建新的填充或调整图层"图标，选择"曲线"，会出现调整层和曲线面板。

图 17-2-5

第四步：点击"RGB"，选择"蓝"，如图 17-2-6 所示。

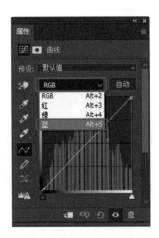

图 17-2-6

按住鼠标左键拖动曲线，如图 17-2-7 所示，天空变得很蓝。

图 17-2-7

可以增加点绿色，这样更接近天空的颜色。点击"RGB"，选择"绿"，按住鼠标左键拖动曲线，调整到合适的颜色即可，效果如图 17-2-8 所示。

图 17-2-8

17.3 色相／饱和度

使用色相／饱和度可以调节图像中指定颜色范围的色相、饱和度和明度，也可以同时调整图像中所有颜色。

图 17-3-1 所示为色相／饱和度面板。

图 17-3-1

🔗 **名词解释**

色相 如图 17-3-1 所示，拖动色相三角标（数值范围为 -180 ～ +180）或输入数值即可改变颜色。

点击图 17-3-2 所示图标，然后按住"Ctrl"，同时按住鼠标左键，拖动鼠标也可以修改色相值。

饱和度 如图 17-3-1 所示，输入数值或拖动饱和度三角标（数值范围为 -100 ～ +100）即可改变颜色。

点击图 17-3-2 所示图标，然后按住鼠标左键，拖动鼠标可以改变单个颜色范围的饱和度。

图 17-3-2

明度 如图 17-3-1 所示，输入数值或拖动明度三角标（数值范围为 -100 ～ +100）即可改变明度。

如果对操作不满意，需要还原默认值，可用鼠标左键点击属性面板底部的"复位到调整默认值"图标，如图 17-3-3 所示。

图 17-3-3

🖱 **实操案例 1**

给衣服换颜色：利用色相／饱和度将粉色衣服换颜色

第一步：启动 Photoshop，打开素材图片。

第二步：点击"创建新的填充或调整图层"图标，选择"色相／饱和度"，如图 17-3-4 所示，会出现调整层和色相／饱和度面板。

图 17-3-4

第三步：点击色相三角标并左右拖动，衣服会变色，如图 17-3-5 所示，但同时背景也发生变色。

图 17-3-5

第四步：如果只需要改变衣服的颜色，用鼠标左键点击图 17-3-6 所示图标。

图 17-3-6

点击图片中的衣服，拖动色相图标，如图 17-3-7 所示，背景颜色保持不变，衣服颜色改变，即可完成。

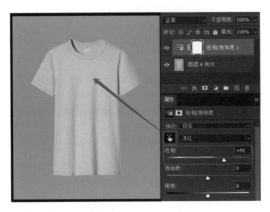

图 17-3-7

实操案例 2

圆圈换色：利用色相／饱和度将黄色圆圈变成蓝色

第一步：启动 Photoshop，打开素材图片 1。

第二步：点击"创建新的填充或调整图层"图标，选择"色相／饱和度"，如图 17-3-8 所示，会出现调整层和色相／饱和度面板。

图 17-3-8

第三步：用鼠标左键点击图 17-3-9 所示图标，然后用鼠标左键点击素材图片中的黄色圆圈位置，如图 17-3-10 所示。

图 17-3-9

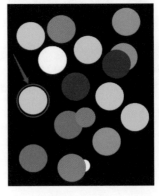

图 17-3-10

第四步：点击色相三角标并往右拖动，黄色即可变成蓝色，如图 17-3-11 所示。

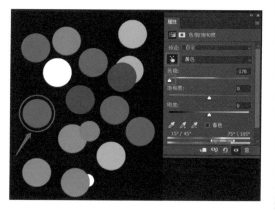

图 17-3-11

🖊 **实操案例 3**

照片翻新加颜色：利用色相／饱和度给人物上色

第一步：启动 Photoshop，打开素材图片。

第二步：点击"创建新的填充或调整图层"图标，选择"色相／饱和度"，如图 17-3-12 所示。

图 17-3-12

第三步：弹出调整层和色相／饱和度面板，在色相／饱和度面板中点击"着色"，如图 17-3-13 所示。调整色相和饱和度，先给人物皮肤上色。

图 17-3-13

第四步：选择"画笔工具"，将前景色调为黑色，调整画笔大小，用画笔擦除不需要上色的地方，如图 17-3-14 所示。

图 17-3-14

第五步：选择"背景"图层，点击"创建新的填充或调整图层"图标，点击"色相／饱和度"，会出现调整层 2 和"色相／饱和度"面板。

第六步：在"色相／饱和度"面板中，点击"着色"，调整色相和饱和度，给人物嘴巴上色，如图 17-3-15 所示。

图 17-3-15

第七步：选择"画笔工具"，将前景色调为黑色，调整画笔大小，用画笔擦除不需要上色的地方，如图 17-3-16 所示。

图 17-3-16

第八步：选择"背景"图层，点击"创建新的填充或调整图层"图标，点击"色相/饱和度"，会出现调整层 3 和色相/饱和度面板。

第九步：点击"着色"，调整色相和饱和度，给人物衣服上色，如图 17-3-17 所示。

图 17-3-17

第十步：选择"画笔工具"，将前景色调为黑色，调整画笔大小，用画笔擦除不需要上色的地方。

第十一步：选择"背景"图层，点击"创建新的填充或调整图层"图标，点击"色相/饱和度"，会出现调整层 4 和色相/饱和度面板。

第十二步：点击"着色"，调整色相和饱和度，给人物头发上色，如图 17-3-18 所示。

图 17-3-18

第十三步：选择"画笔工具"，将前景色调为黑色，调整画笔大小，用画笔擦除不需要上色的地方，如图17-3-19所示。

图 17-3-19

完成效果如图17-3-20所示。

图 17-3-20

17.4 可选颜色

使用"可选颜色"可以调整我们想要修改的颜色且保留我们不想更改的颜色。

实操案例

人物调色：利用可选颜色给人物皮肤去黄

第一步：启动 Photoshop，打开素材图片，如图17-4-1所示。

图 17-4-1

第二步：点击"创建新的填充或调整图层"图标，选择"可选颜色"，如图17-4-2所示，会出现调整层和可选颜色面板。

图 17-4-2

第三步：点击图 17-4-3 所示位置，会出现不同颜色。如果选择"红色"，点击黄色里的三角标，拖动鼠标，将三角标移至最左端去除红色里面的黄色，衣服颜色也会改变，整个画面里所有红色中的黄色都会被去除，这就会产生错误，如图 17-4-4 所示。

图 17-4-3   图 17-4-4

第四步：此时点击"复位到调整默认值"图标，如图 17-4-5 所示，重新操作。

第五步：如果要去除皮肤的黄色，应在颜色中选择"黄色"，再点击黄色里的三角标，拖动鼠标，去掉面部的黄色，如图 17-4-6 所示。

完成效果如图 17-4-7 所示。

图 17-4-5   图 17-4-6

图 17-4-7

17.5 亮度／对比度

使用亮度／对比度可将色彩暗淡的图片调整得更亮，增加色彩的对比度。

🖱 **实操案例**

使人物变清晰、调色：利用亮度／对比度调整图片光线

第一步：启动 Photoshop，打开素材图片。

第二步：点击"创建新的填充或调整图层"图标，选择"亮度／对比度"，如图 17-5-1 所示，会出现调整层和亮度／对比度面板。

图 17-5-1

第三步：按住鼠标左键往右拖动亮度三角标，图片即可被调亮；按住鼠标左键往右拖动对比度三角标，图片会变清晰，如图 17-5-2 所示。

图 17-5-2

17.6 渐变映射

使用渐变映射相当于给图片添加渐变，此功能了解即可。

🖱 **实操案例**

给照片做渐变效果：利用渐变映射调整图片效果

第一步：启动 Photoshop，打开素材图片。

第二步：点击"创建新的填充或调整图层"图标，选择"渐变映射"，如图 17-6-1 所示，会出现调整层和渐变映射面板。

图 17-6-1

第三步：在渐变映射面板中，点击图 17-6-2 所示位置，会弹出渐变编辑器。

图 17-6-2

第四步：在渐变编辑器中可以选择并调整渐变颜色。比如选择红白渐变，通过移动颜色条上、下的色标可以调整渐变程度；如在"反向"前打"√"，色彩的渐变方向会发生对调，如图 17-6-3 所示。点击"确定"，图片即可映射成红色。

图 17-6-3

17.7 自然饱和度

使用自然饱和度可提升画面中比较柔和（即饱和度低）的颜色，原本饱和度够的颜色保持不变。

🕐 实操案例

人像调色：利用自然饱和度调整人物颜色

第一步：启动 Photoshop，打开素材图片。

第二步：点击"创建新的填充或调整图层"图标，选择"自然饱和度"，如图 17-7-1 所示，会出现调整层和自然饱和度面板。

图 17-7-1

第三步：向右拖动自然饱和度三角标，图片即可增加饱和度。如果感觉饱和度还是不够，向右拖动饱和度三角标，如图 17-7-2 所示，图片即可变得更加艳丽，如图 17-7-3 所示。

图 17-7-2

图 17-7-3

第 18 天
学会滤镜应用

滤镜工具主要用于实现图像的各种特殊效果，包括液化、模糊、锐化等。

18.1 液化

利用液化工具可以使图片变形、扭曲。

实操案例 1

调整人物胖瘦

第一步：启动 Photoshop，打开素材图片，如图 18-1-1 所示。

第二步：按下快捷键 "Ctrl+J" 复制图片出现图层 1 图层，如图 18-1-2 所示。

图 18-1-1

图 18-1-2

第三步：在菜单栏中，用鼠标左键点击"滤镜"，选择"液化"，如图18-1-3所示。

图 18-1-3

第四步：在液化面板中点击"向前变形工具"图标，并调整画笔大小，如图18-1-4所示。

图 18-1-4

第五步：选择图片中需要调整的地方，按住鼠标左键往内推动，如图18-1-5、图18-1-6、图18-1-7所示。

图 18-1-5

图 18-1-6

图 18-1-7

如此反复操作，人物即可呈现瘦身效果。点击"预览"，如图18-1-8所示，可以与原图进行比较，如不满意，可以进行多次调整。

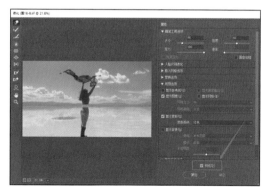

图 18-1-8

完成效果如图 18-1-9 所示。

图 18-1-9

🖱 实操案例 2

修饰人物五官

第一步：启动 Photoshop，打开素材图片，如图 18-1-10 所示。

图 18-1-10

第二步：按下快捷键"Ctrl+J"复制图层，如图 18-1-11 所示。

图 18-1-11

第三步：在菜单栏中，用鼠标左键点击"滤镜"，选择"液化"。在弹出的液化面板中，点击"冻结蒙版工具"图标。按住鼠标左键，拖动鼠标，选择图片上的门，将门冻结，如图 18-1-12 所示。如果不冻结，后面修饰人物面部时，门会跟着一起变形。

图 18-1-12

第四步：点击"向前变形工具"图标，调整画笔大小，如图 18-1-13 所示。

图 18-1-13

第五步：选择人物面部 1 处，按住鼠标左键向内滑动，使人物的脸变瘦，如图 18-1-14 所示。

图 18-1-14

第六步：选择人物面部 2 处，按住鼠标左键向内滑动，使人物的鼻子变窄，如图 18-1-15 所示。

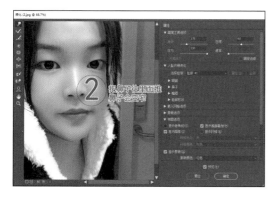

图 18-1-15

第七步：选择人物面部 3 处，按住鼠标左键向内滑动，将人物的眼间距调小，如图 18-1-16 所示。

图 18-1-16

第八步：点击"解冻蒙版工具"图标，按住鼠标左键，拖动鼠标，将门解冻，如图 18-1-17 所示。

图 18-1-17

完成效果如图 18-1-18 所示。

图 18-1-18

18.2 表面模糊

表面模糊工具主要是识别图像的边缘并保留，模糊图像表面的杂点、颗粒或生硬的部分，让图片表面变得柔和。

实操案例

修复面部皮肤

第一步：启动 Photoshop，打开素材图片，如图 18-2-1 所示。

图 18-2-1

第二步：按下快捷键"Ctrl+J"复制图层 1，如图 18-2-2 所示。

图 18-2-2

第三步：在菜单栏中，用鼠标左键点击"滤镜"，依次选择"模糊""表面模糊"，如图 18-2-3 所示。

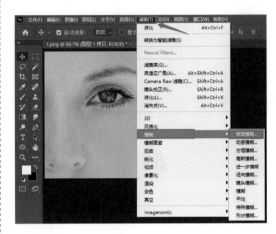

图 18-2-3

弹出表面模糊面板，如图 18-2-4 所示。

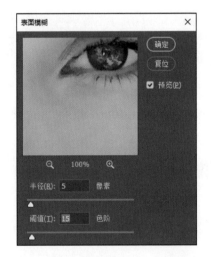

图 18-2-4

第四步：半径可调整为 10，阈值可调整为 8，并点击"确定"，如图 18-2-5 所示。

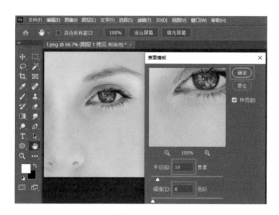

图 18-2-5

完成效果如图 18-2-6 所示。

图 18-2-6

18.3 动感模糊

使用动感模糊工具可以把图像处理成特殊的运动效果。

实操案例 1

使用动感模糊工具给文字做动态效果

第一步: 启动 Photoshop, 新建尺寸为800×400、单位为像素、分辨率为72、颜色模式为 RGB 颜色的画板, 如图 18-3-1 所示。

图 18-3-1

第二步: 把素材图片1拖入画板, 如图 18-3-2 所示。

图 18-3-2

第三步：按下快捷键"Ctrl+J"复制图层 1，如图 18-3-3 所示。

图 18-3-3

第四步：选择图层 1，在菜单栏中，用鼠标左键点击"滤镜"，依次选择"模糊""动感模糊"，如图 18-3-4 所示。

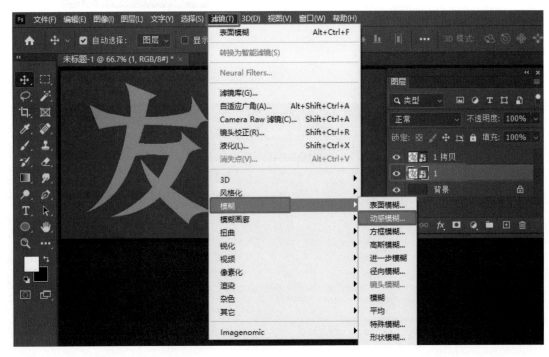

图 18-3-4

第五步：在弹出的动感模糊画板中，将角度调整为0，距离调整为280。点击"确定"，如图18-3-5所示。

图 18-3-5

第六步：如果颜色太浅，可以选中图层1，按下快捷键"Ctrl+J"再复制一层，如图18-3-6所示。

图 18-3-6

实操案例2

使用动感模糊工具给汽车做动感效果

第一步：启动Photoshop，拖入素材图片，如图18-3-7所示。

图 18-3-7

第二步：用选框框中 1 所在的区域，如图 18-3-8 所示。按下快捷键"Ctrl+J"复制"背景"图层。

图 18-3-8

第三步：选择图层 1 图层，如图 18-3-9 所示。

图 18-3-9

第四步：在菜单栏中，用鼠标左键点击"滤镜"，依次选择"模糊""动感模糊"，如图 18-3-10 所示。

图 18-3-10

第五步：在弹出的动感模糊面板中，将角度调为 0、距离调为 300，并点击"确定"，如图 18-3-11 所示。

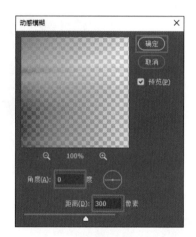

图 18-3-11

完成效果如图 18-3-12 所示。

图 18-3-12

18.4 径向模糊

径向模糊的模糊方法分为旋转和缩放。

实操案例 1

使用径向模糊工具做出汽车车轮转动的效果

第一步：启动 Photoshop，拖入素材图片，如图 18-4-1 所示。

图 18-4-1

第二步：用选框框中车轮所在的区域，如图 18-4-2 所示。

图 18-4-2

第三步：在菜单栏中，用鼠标左键点击"滤镜"，依次选择"模糊""径向模糊"，如图 18-4-3 所示。

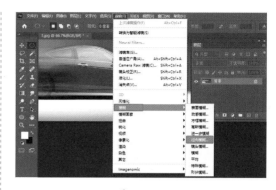

图 18-4-3

在弹出的径向模糊面板中，数量输入 60，模糊方法选择"旋转"，品质选择"好"，并点击"确定"，如 18-4-4 所示。

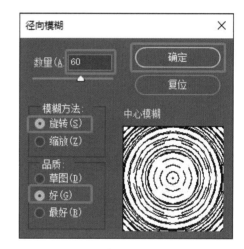

图 18-4-4

完成效果如图 18-4-5 所示。

图 18-4-5

实操案例 2

使用径向模糊工具做发散光源效果

第一步：启动 Photoshop，打开素材图片，把素材图片 2 拖入画板，如图 18-4-6 所示。

图 18-4-6

第二步：在菜单栏中，用鼠标左键点击"滤镜"，依次选择"模糊""径向模糊"，如图 18-4-7 所示。

图 18-4-7

第三步：在弹出的径向模糊画板中，数量输入"100"，模糊方法选择"缩放"，品质选择"好"，并点击"确定"，如图 18-4-8 所示。

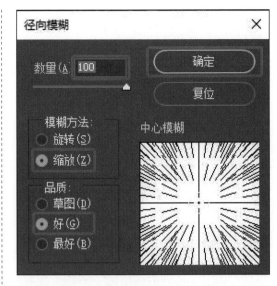

图 18-4-8

第四步：效果如图 18-4-9 所示。如果效果不好，可以多次操作。

图 18-4-9

第五步：选择图层 2，混合模式改为"滤色"即可完成。

18.5 高斯模糊

使用高斯模糊可以使图像边缘和表面全部模糊，可增加画面的空间感，也可做投影。

💡 实操案例

使用高斯模糊工具做瓶子投影效果

第一步：启动 Photoshop，新建大小为 800×800，单位为像素、分辨率为 72、颜色模式为 RGB 颜色的画板。

第二步：把素材图片拖入画板，并调整图片大小，如图 18-5-1 所示。

图 18-5-1

第三步：新建图层 1，放在瓶子图层下面，如图 18-5-2 所示。

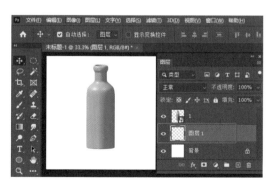

图 18-5-2

第四步：先选择图层 1 图层，再选择"画笔工具"，将前景色调成"深蓝色"，画一个椭圆，如图 18-5-3 所示。

图 18-5-3

第五步：在菜单栏中，用鼠标左键点击"滤镜"，依次选择"模糊""高斯模糊"，如图 18-5-4 所示。

图 18-5-4

第六步：在弹出的高斯模糊画板中，半径输入 30，点击"确定"，如图 18-5-5 所示。

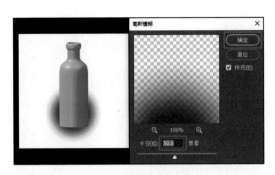

图 18-5-5

第七步：先按下快捷键"Ctrl+T"变换，再按住"Ctrl"键将椭圆压扁，放在瓶底位置，如图 18-5-6 所示。

图 18-5-6

第八步：点击"Enter"键即可完成，效果如图 18-5-7 所示。

图 18-5-7

18.6 锐化

锐化可以增强相邻像素之间的对比，使画面变得对比度强，并且清晰。

注意：过度的锐化会产生噪点和颗粒化。锐化仅能增强颜色的对比度，不能将模糊的图像变清晰。模糊是因为像素的丢失，锐化不能凭空补全像素。

🖱 实操案例

使用锐化工具让人物眼睛更有神

第一步：启动 Photoshop，打开素材图片，如图 18-6-1 所示。

图 18-6-1

第二步：在菜单栏中，用鼠标左键点击"滤镜"依次选择"锐化""锐化"，如图 18-6-2 所示。人物的眼睛、皮肤会变得更加清晰，如图 18-6-3 所示。

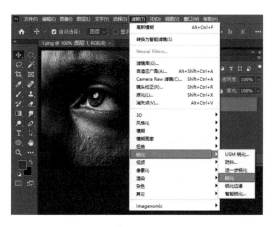

图 18-6-2

图 18-6-3

18.7 USM 锐化

该功能通过增强图像边缘的对比度来锐化图像，锐化值越大，越容易产生黑边、白边。

🖱 **实操案例**

使用 USM 锐化工具将宠物毛发边缘变清晰

第一步：启动 Photoshop，打开素材图片，如图 18-7-1 所示。

图 18-7-1

第二步：在菜单栏中，用鼠标左键点击"滤镜"，依次选择"锐化""USM 锐化"，如图 18-7-2 所示。

第三步：在弹出的 USM 锐化面板中，设置数量为 200、半径为 1.0、阈值为 3，点击"确定"即可完成，如图 18-7-3 所示。

图 18-7-2

图 18-7-3

18.8 查找边缘

查找边缘在针对绘画效果的图片非常有用，要求图片有强烈反差的边界，这样做出的效果更好。

🖱 **实操案例**

将图片变成线稿效果

第一步：启动 Photoshop，打开素材图片，如图 18-8-1 所示。

图 18-8-1

第二步：在菜单栏中，用鼠标左键点击"滤镜"，依次选择"风格化""查找边缘"，如图 18-8-2 所示。

图 18-8-2

如效果不好，可以多次查找，如图 18-8-3 所示。

图 18-8-3

第三步：在菜单栏中，用鼠标左键点击"图像"，依次选择"调整""去色"，如图 18-8-4 所示。

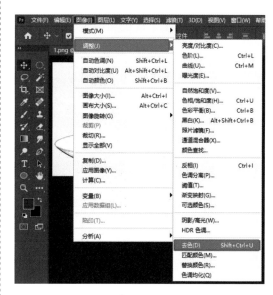

图 18-8-4

第四步：再次点击"图像"，依次选择"调整""亮度／对比度"，如图 18-8-5 所示。

图 18-8-5

在弹出的"亮度／对比度"面板中，亮度输入 60，对比度输入 30，点击"确定"，如图 18-8-6 所示。效果如图 18-8-7 所示。

图 18-8-6

图 18-8-7

第19天 学会动图制作

19.1 动图

动图可以理解为动画图片或动态图片，我们经常使用的表情包就属于动图。时间轴主要用来做动画。

实操案例

动图表情包制作

第一步：启动 Photoshop，打开素材图片，如图 19-1-1 所示。

第二步：按住鼠标左键，将素材图片 2、图片 3 拖入画板中，如图 19-1-2 所示。

图 19-1-1

图 19-1-2

第三步：在菜单栏中，用鼠标左键点击"窗口"选择"时间轴"，如图 19-1-3 所示。在弹出的时间轴面板中，点击"创建视频时间轴"，如图 19-1-4 所示。

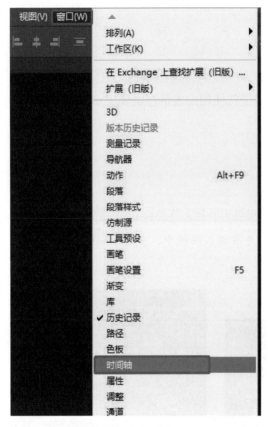

图 19-1-3

图 19-1-4

第四步：点击图 19-1-5 所示位置。

图 19-1-5

第五步：点击"复制所选帧"图标，如图 19-1-6 所示。

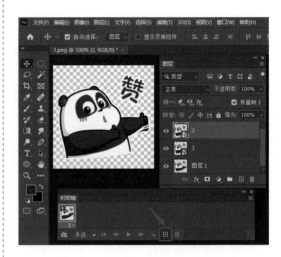

图 19-1-6

有几个图层就复制几帧，如图 19-1-7 所示。

图 19-1-7

第六步：点击图层1对应第1帧，只保留该图层前的眼睛图标，其余图层的眼睛图标都点掉，如图19-1-8所示。

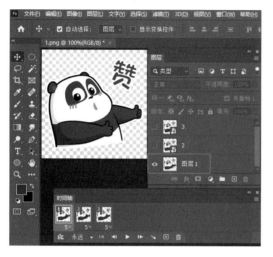

图 19-1-8

将时间改为"0.2"秒，也可以选择"其它"设置延迟时间，如图19-1-9所示。时间越短，播放速度越快；时间越长，播放速度越慢。

图 19-1-9

第七步：点击图片2图层对应第2帧，只保留该图层前的眼睛图标，其余图层的眼睛图标都点掉，将时间改为"0.2"秒，如图19-1-10所示。

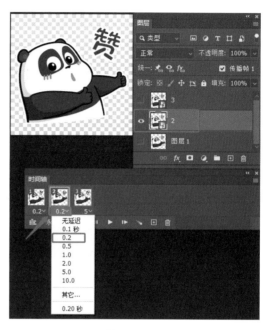

图 19-1-10

第八步：点击图片3图层对应第3帧，只保留该图层前的眼睛图标，其余图层的眼睛图标都点掉，将时间改为"0.2"秒。

第九步：点击图19-1-11所示图标，可以设置循环播放次数。

图 19-1-11

第十步：在菜单栏中，用鼠标左键点击"文件"，依次选择"导出""存储为 Web 所用格式（旧版）"，如图 19-1-12 所示。

图 19-1-12

在弹出的"存储为 Web 所用格式"面板中，优化的文件格式选择"GIF"，"颜色"选择256，如图 19-1-13 所示，点击"存储"。

图 19-1-13

选择存储的位置即可完成，如图 19-1-14 所示。此时打开图片，即是动图效果。

图 19-1-14

第 20 天

精通证件照及合成

20.1 证件照实操案例

做三张 2 寸证件照，分别是红底、蓝底、白底。

第一步：新建尺寸为 3.5×5.3、单位为厘米、分辨率为 300、颜色模式为 CMYK 颜色的画板 1，背景选择白色，如图 20-1-1 所示。

第二步：将抠好的素材图拖进画板 1，并调整图片大小，如图 20-1-2 所示。

第三步：发现头发丝边缘有一点青绿色，点击"创建新的填充或调整图层"图标，选择"色相/饱和度"，如图 20-1-3 所示。

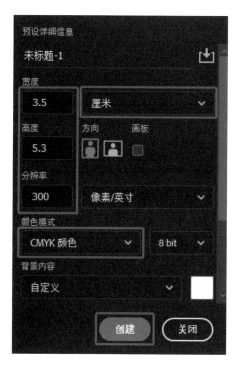

图 20-1-1

图 20-1-2

图 20-1-3

将绿色中的饱和度调成 -100，如图 20-1-4 所示。

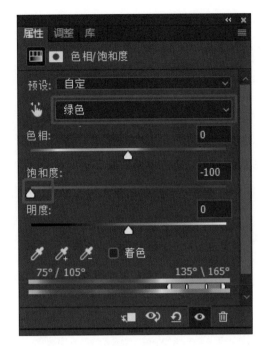

图 20-1-4

将青色中的饱和度调成 -100，如图 20-1-5 所示，这样即可去除青色。

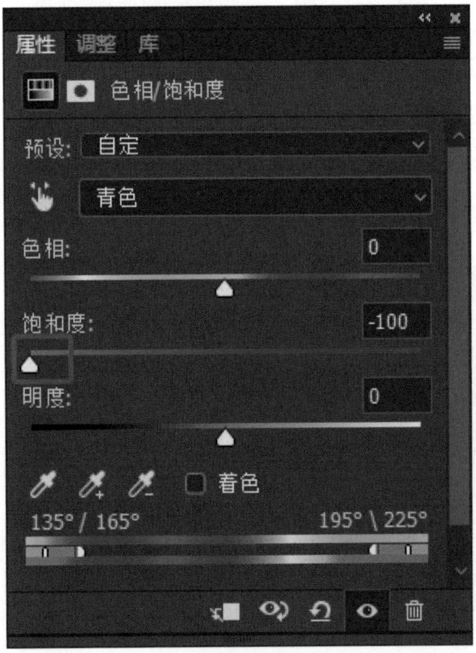

图 20-1-5

第四步：在菜单栏中，用鼠标左键点击"文件"选择"存储为"，如图 20-1-6 所示。

图 20-1-6

输入文件名"白色 2 寸"保存类型选择"TIFF"格式，点击"保存"，如图 20-1-7 所示。

图 20-1-7

在弹出的"TIFF 选项"面板中，将图像压缩选择"LZW"。如果选择"无"，则不压缩，文件较大。如果选择"LZW"，则可无损压缩，不会对图像的画质产生影响，同时能节约空间。其他选择默认选项，点击"确定"即可，如图 20-1-8 所示，白底证件照即可完成。

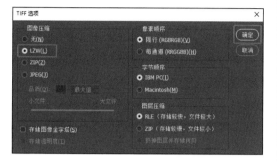

图 20-1-8

第五步：用鼠标右键点击"色相 / 饱和度"图层，在弹出的菜单中选择"创建剪贴蒙版"，如图 20-1-9 所示。

图 20-1-9

第六步：选择"背景"图层，将前景色改成红色，如图 20-1-10 所示。

图 20-1-10

选择"背景"图层，按下快捷键"Alt+Delete"或"Alt+BackSpace"，如图 20-1-11 所示。

图 20-1-11

第七步：如果头发丝不自然，可选中"白底图"图层，按下快捷键"Ctrl+J"复制图层，如图 20-1-12 所示。

图 20-1-12

第八步：选中"白底图"图层，混合模式改成"正片叠底"，如图 20-1-13 所示。

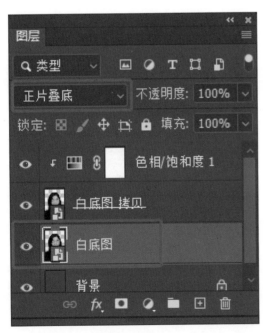

图 20-1-13

第九步：选中"白底图拷贝"图层，添加蒙版，如图 20-1-14 所示。

图 20-1-14

第十步：将画笔前景色改为黑色，选择"蒙版"，选择画笔工具并进行相关设置，如图 20-1-15 所示。

图 20-1-15

涂抹头发丝边缘，达到自然的效果，如图 20-1-16 所示。

图 20-1-16

第十一步：用鼠标左键点击菜单栏中的"文件"，选择"存储为"，保存类型选择"TIFF"格式，如图 20-1-17、图 20-1-18 所示。

图 20-1-17

图 20-1-18

在"TIFF 选项"面板中，图像压缩选择"LZW"，其他选择默认选项，点击"确定"，如图 20-1-19 所示，红底证件照即可完成。

图 20-1-19

第十二步：将前景色改成蓝色，如图 20-1-20 所示。

选择"背景"图层，按下快捷键"Alt+Delete"或"Alt+BackSpace"，如图 20-1-21 所示，蓝色证件照即完成。

图 20-1-20

图 20-1-21

第 21 天
精通电商主图设计

21.1 电商主图实操案例——制作一张耳机主图

文案：正品保证、无损音质、宽广音域、听觉享受、人声透传模式。

第一步：启动 Photoshop，新建尺寸为 800×800、单位为像素、分辨率为 72、颜色模式为 RGB 颜色的画板，如图 21-1-1 所示。

第二步：选择"渐变工具"，点击选项栏中的颜色条，在弹出的渐变编辑器面板中设置渐变颜色，如图 21-1-2 所示。

图 21-1-1

图 21-1-2

设置线性渐变，如图 21-1-3 所示。

图 21-1-3

第三步：将耳机图片拖入画板中，并调整好耳机位置，如图 21-1-4 所示。

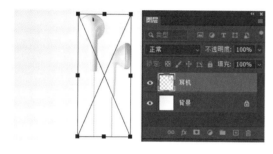

图 21-1-4

第四步：选择"钢笔工具"，在选项栏选择"形状"，填充选择红色，描边选择"无颜色"，如图 21-1-5 所示。

图 21-1-5

用鼠标勾画红色底色，如图 21-1-6 所示。

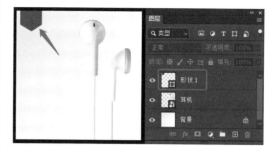

图 21-1-6

第五步：选择"横排文字工具"，输入"正品保证"，点击选项栏中的"切换字符和段落面板"图标调整文字大小、行距等，并将文字改成白色，如图 21-1-7 所示。

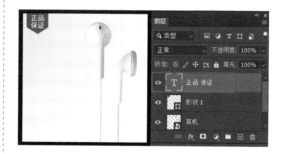

图 21-1-7

第六步：选择"矩形工具"，绘制矩形框，并填充蓝色，如图 21-1-8 所示。

图 21-1-8

第七步：选择"横排文字工具"，输入"人声透传模式"，文字改成白色，如图 21-1-9 所示。

图 21-1-9

第八步：输入"无损音质"，调整文字大小，颜色改成深蓝，如图 21-1-10 所示。

图 21-1-10

第九步：选择"椭圆工具"，按住"Shift"键绘制圆形，并填充橙色，如图 21-1-11 所示。

图 21-1-11

绘制完成，效果如图 21-1-12 所示。

图 21-1-12

第十步：选择"横排文字工具"，输入"音"，调整文字大小，颜色改成白色，如图 21-1-13 所示。

图 21-1-13

第十一步：输入"宽广音域"，调整文字大小，颜色改成深蓝色，如图 21-1-14 所示。

图 21-1-14

第十二步：按住 Ctrl 键，点击图层，选择图 21-1-15 所示的三个图层。

图 21-1-15

按下快捷键"Ctrl+G"，建组，如图 21-1-16 所示，出现组 1。

图 21-1-16

第十三步：选中组 1，按下快捷键"Ctrl+J"复制一个"组 1 拷贝"，如图 21-1-17 所示。

图 21-1-17

第十四步：选中组 1 拷贝，按下键盘上的下方向键，该组文图即可向下移动位置，如图 21-1-18 所示。

图 21-1-18

第十五步：选择"横排文字工具"，并用鼠标左键双击下方文字即可修改文字。将"音"修改为"享"，"宽广音域"修改为"听觉享受"，即可完成，如图 21-1-19 所示。

图 21-1-19

第 ⟨22⟩ 天

精通名片及宣传单制作

22.1 名片实操案例

制作一张宽度为 90mm、高度为 54mm、分辨率为 300、出血 3mm、颜色模式为 CMYK 的名片，要求效果如图 22-1-1 所示。

第一步：启动 Photoshop，新建宽度为 96mm(包含左右各出血 3mm)、高度为 60mm(包含上下各出血 3mm)、分辨率为 300、颜色模式为 CMYK 颜色的画板，如图 22-1-2 所示。

图 22-1-1

图 22-1-2

第二步：按下快捷键"Ctrl+Shift+N"新建图层 1，颜色选择蓝色，如图 22-1-3 所示。

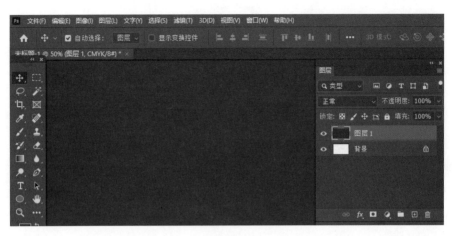

图 22-1-3

第三步：将素材图片 1、图片 2、图片 3 拖入画板中，如图 22-1-4 所示。

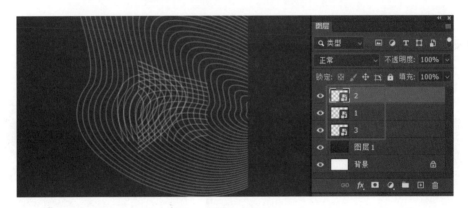

图 22-1-4

第四步：将徽标拖入画板中，并调整素材图片的位置和大小，如图 22-1-5 所示。

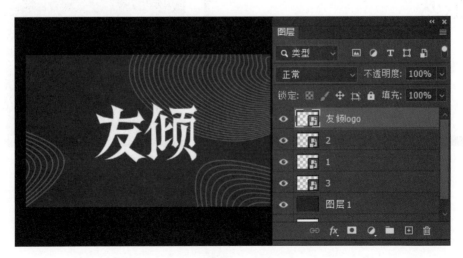

图 22-1-5

第五步：选中第一个图层，按住"Shift"键，点最后一个图层，这样可以选中所有图层，如图 22-1-6 所示。

图 22-1-6

用鼠标右键点击所选图层位置，选择"从图层建立组"，并命名为"正面"，如图 22-1-7 所示。

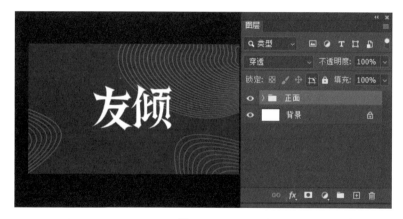

图 22-1-7

第六步：按下快捷键"Ctrl+Shift+N"新建图层2，颜色填充"白色"，如图22-1-8所示。

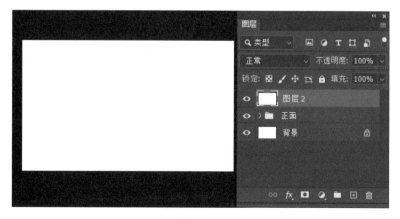

图 22-1-8

第七步：将素材图片1、图片2、图片3拖入画板中，并调整各素材图片的位置大小，如图22-1-9所示。

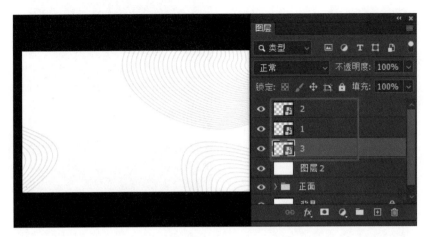

图 22-1-9

第八步：选中素材图片5、图片6、图片7、图片8和二维码拖入画板中，并调整各素材图片的位置和大小，如图22-1-10所示。

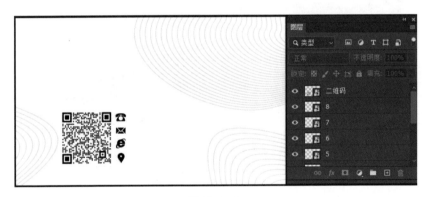

图 22-1-10

第九步：选择"横排文字工具"，输入电话、网址、邮箱、地址和姓名等文字内容，并调整文字的位置和大小，如图22-1-11所示。

图 22-1-11

第十步：选中所有图层，如图 22-1-12 所示。

用鼠标右键点击所选图层位置，选择"从图层建立组"并命名为"反面"，如图 22-1-13 所示。

名片完成效果如图 22-1-1 所示。

图 22-1-12

图 22-1-13

22.2 宣传单实操案例

制作一张单面宣传单，效果如图 22-2-1 所示。

要求：尺寸为 210mm × 285mm，单位为毫米，分辨率为 300，颜色模式为 "CMYK"，每边增加 3mm 出血，实际制作尺寸为 216mm × 291mm。

第一步：启动 Photoshop，新建尺寸为 216mm × 291mm、单位为毫米，分辨率为 300、颜色模式为 "CMYK 颜色" 的画板，如图 22-2-2 所示。

图 22-2-1

图 22-2-2

第二步：选择 "钢笔工具"，绘制蓝色框，如图 22-2-3 所示。

将 "条纹" 素材图片拖入画板中，调整位置；选中条纹图层，点击鼠标右键，选择 "创建剪贴蒙版"，如图 22-2-4 所示。

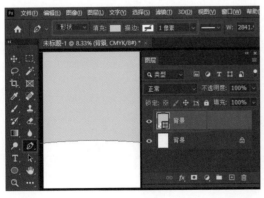

图 22-2-3

图 22-2-4

第三步：选择"矩形工具"，绘制白色矩形，如图 22-2-5 所示。

图 22-2-5

继续绘制黄、绿、红、紫彩条，如图 22-2-6 所示。

图 22-2-6

第四步：使用"直排文字工具"，输入文案，调整位置和大小，如图 22-2-7 所示，选中彩条和文字图层，按下快捷键"Ctrl+G"建组。

图 22-2-7

第五步：选择"椭圆工具"，按住"Shift"键绘制圆形，如图 22-2-8 所示。

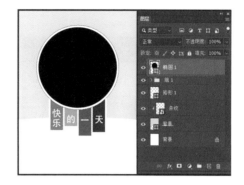

图 22-2-8

将素材图片 2 拖入画板中，用鼠标右键点击图片 2 图层，选择"创建剪贴蒙版"，调整位置，如图 22-2-9 所示。

图 22-2-9

第六步：选择"椭圆工具"，绘制路径，如图 22-2-10 所示。

图 22-2-10

选择"横排文字工具"，输入文案，调整文字位置和大小，路径字即可完成，如图22-2-11所示。

图 22-2-11

第七步：将素材图片"女孩和男孩"拖入画板中，并调整位置，如图22-2-12所示。

图 22-2-12

第八步：选择"椭圆工具"，按住"Shift"键绘制圆形，填充选紫色，描边选白色，如图22-2-13所示。

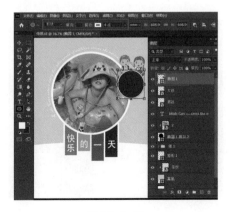

图 22-2-13

继续绘制圆形，填充选择无颜色，描边颜色选择淡蓝色，描边形状选择虚线，如图22-2-14所示。

图 22-2-14

第九步：选择"横排文字工具"，输入文案,调整位置和大小,如图22-2-15所示。

图 22-2-15

第十步：选择"椭圆工具"，按住"Shift"键绘制圆形，填充黑色，描边颜色选白色；选择该图层点击下方"添加图层样式"图标选择"投影"，如图22-2-16所示。

图 22-2-16

将素材图片3拖入画板中，用鼠标右键点击该图层，选择"创建剪贴蒙版"，如图22-2-17所示，调整图片位置，即可完成。

图 22-2-17

第十一步：绘制左边的圆形，并输入文字，如图22-2-18所示。

图 22-2-18

第十二步：将卡通图片拖入画板中，并调整位置，如图22-2-19所示。

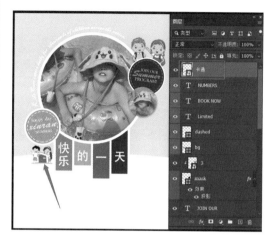

图 22-2-19

第十三步：结合使用文本工具、形状工具，即可将左侧绿色矩形框制作完成，如图22-2-20所示。

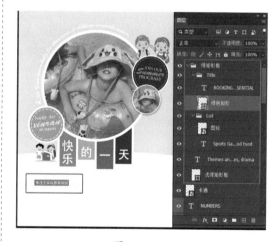

图 22-2-20

第十四步：结合使用文本工具、形状工具，加上素材图标，即可将右侧橙色矩形框制作完成。此时海报即可完成，效果如图22-2-1所示。

第 ㉓ 天

精通复杂海报制作

23.1 复杂海报实操案例——制作包的海报

要求制作尺寸为 790×370、单位为像素、分辨率为 72、颜色模式为 "RGB 颜色" 的海报，效果如图 23-1-1 所示。

图 23-1-1

第一步：启动 Photoshop，新建尺寸为 790×370、单位为像素、分辨率为 72、颜色模式为 "RGB 颜色" 的画板，如图 23-1-2 所示。

图 23-1-2

第二步：选中素材图中的背景图并拖入画板中，调整图片大小和位置，如图23-1-3所示。

图 23-1-3

第三步：选中素材图中包的图片，拖入画板中，如图23-1-4所示，并调整包的位置、大小和角度。

图 23-1-4

第四步：新建图层1，放在包的图层下面，用画笔画一个深绿色的圆，如图23-1-5所示。

图 23-1-5

在菜单栏中，点击"滤镜"，依次选择"模糊""高斯模糊"，如图 23-1-6 所示。

图 23-1-6

先按下快捷键"Ctrl+T"变换，再按住"Ctrl"键将圆压扁，如图 23-1-7 所示。

图 23-1-7

混合模式改成"正片叠底"，如果感觉投影颜色太浅，可以选择图层 1，多复制几层，投影即做好，如图 23-1-8 所示。

图 23-1-8

第五步：新建图层 2，如图 23-1-9 所示，用画笔画深绿色的椭圆。

图 23-1-9

点击"滤镜"，依次选择"模糊""高斯模糊"，如图 23-1-10 所示。

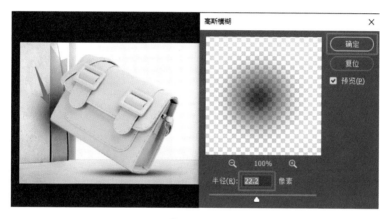

图 23-1-10

选择图层 2，点击"添加图层蒙版"图标，将前景色调成黑色，不透明度改为 36%，如图 23-1-11 所示，点击图层蒙版缩览图，擦拭图中箭头所指位置。

图 23-1-11

混合模式改成"正片叠底"，如图 23-1-12 所示。

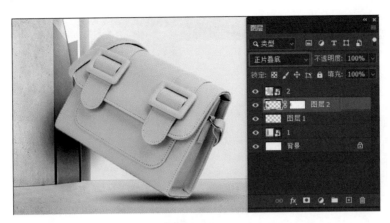

图 23-1-12

第六步：使用文本工具和形状工具将右边文案编辑排版，如图 23-1-13 所示。

图 23-1-13

海报即可完成，效果如图 23-1-1 所示。

第 24 天

精通人像精修

精修是一个复杂的过程，包括基础修饰、光影塑造等，要尽可能把图片处理得细致完美。

24.1 人像修图实操案例

第一步：打开 Photoshop，拖入素材图片，按下快捷键“Ctrl+J”复制图层，使用污点修复画笔工具进行处理，如图 24-1-1 所示。处理后效果如图 24-1-2 所示。

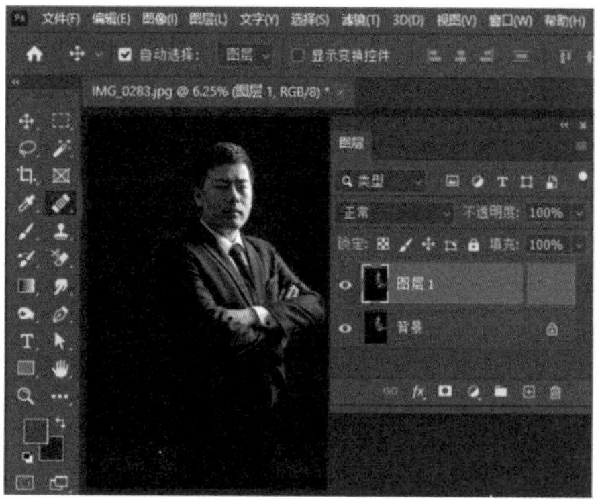

图 24-1-1

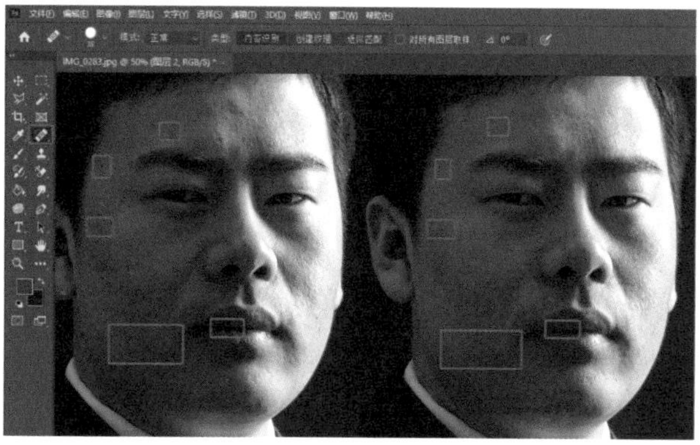

图 24-1-2

第二步：使用修补工具处理人物面部皱纹、衣服褶皱，如图 24-1-3 所示。

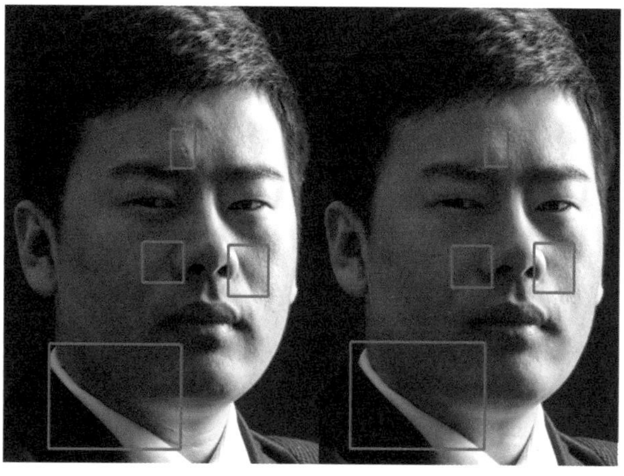

图 24-1-3

第三步：使用套索工具圈起面部，按下快捷键"Shift+F6"，设置羽化半径，如图 24-1-4 所示，可使边缘柔和一些。

图 24-1-4

添加曲线，提亮肤色，将前景色调成黑色，把不需要提亮的部分去除，如图 24-1-5 所示。

图 24-1-5

第四步：选择图层 1，点击"窗口"，选择"通道"，如图 24-1-6 所示。

图 24-1-6

第五步：选中绿色通道，点击鼠标右键复制通道（注：要选择对比最强烈的通道复制，这里绿色对比最强烈），如图 24-1-7 所示。

图 24-1-7

选中复制的绿色通道，按下快捷键"Ctrl+L"调整色阶，让图片色彩对比更加强烈，如图 24-1-8 所示。

图 24-1-8

点击"滤镜"，依次选择"其它""高反差保留"，如图 24-1-9 所示。

图 24-1-9

半径数值调为10,如图24-1-10所示。

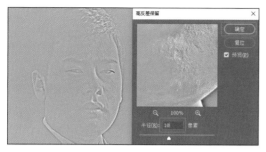

图 24-1-10

点击"图像",选择"应用图像",混合选择"叠加",重复操作 3 次,如图 24-1-11 所示。

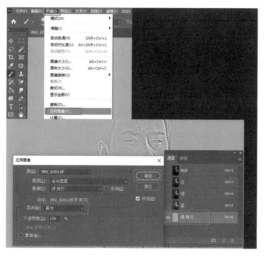

图 24-1-11

点击"图像"选择"应用图像",混合选择为"颜色减淡",如图24-1-12所示。

图 24-1-12

按下快捷键"Ctrl+I"蒙版反向,使用画笔工具擦除不需要的部分,只保留有皮肤的部位,如图 24-1-13 所示。

图 24-1-13

擦除完成之后,按住"Ctrl"键,用鼠标左键点击图层框,调出选区,如图24-1-14 所示。

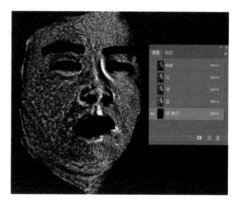

图 24-1-14

第六步:点击"RGB",关闭拷贝的绿色通道,如图24-1-15所示。

图 24-1-15

点击"创建新的填充或调整图层"图标，选择曲线，出现曲线 2，如图 24-1-16 所示。
调整曲线 2，使皮肤颜色变得统一，如图 24-1-17 所示。

图 24-1-16

图 24-1-17

第七步：按下快捷键"Ctrl+Shift+Alt+E"，盖印图层，如图 24-1-18 所示。

第八步：按下快捷键"Ctrl+Shift+N"新建图层，相关设置如图 24-1-19 所示。

图 24-1-18

图 24-1-19

选择"画笔工具"，将前景色改成黑色，不透明度和流量都调成 15%，把皮肤过亮的部分擦暗，如图 24-1-20 所示。

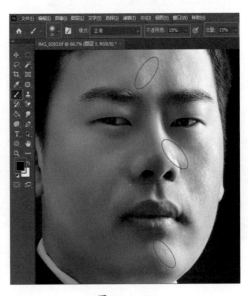

图 24-1-20

将前景色改成白色,把皮肤过暗的部分擦亮,如图 24-1-21 所示。

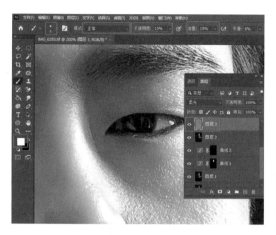

图 24-1-21

需要多次切换前景色和背景色、调整画笔大小(根据过渡面积设置画笔大小),最终使皮肤过渡非常光滑。修饰之后的效果如图 24-1-22 所示。

图 24-1-22

第九步:按下快捷键"Ctrl+Shift+Alt+E",盖印图层,如图 24-1-23 所示。

图 24-1-23

第十步:选择图层 1,按下快捷键"Ctrl+J"复制图层,移到顶层,如图 24-1-24 所示。

图 24-1-24

点击"滤镜"，依次选择"其它""高反差保留"，半径设置为3，如图24-1-25所示。混合模式改为"线性光"，不透明度调为60%，让皮肤更有质感，如图24-1-26所示。

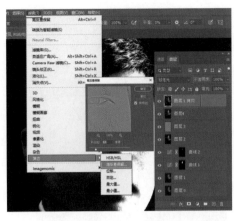

图 24-1-25

图 24-1-26

第十一步：按下快捷键"Ctrl+Shift+Alt+E"，盖印图层，如图24-1-27所示。

第十二步：点击"滤镜"，选择"液化"，对人物五官和身体进行处理。

效果如图24-1-28所示，左边为修饰前，右边为修饰后。

图 24-1-27

图 24-1-28

第 ⬡25⬡ 天

精通产品精修

25.1 产品精修实操案例

精修插头，需将原图修饰成精修后的效果，如图 25-1-1 所示。

第一步：启动 Photoshop，打开素材图，如图 25-1-2 所示。

原图　　　　　精修后

图 25-1-1　　　　　　　　　　　　　　　　　图 25-1-2

第二步：选择"矩形工具"，绘制（1），填充选择渐变，具体设置如图 25-1-3 所示。

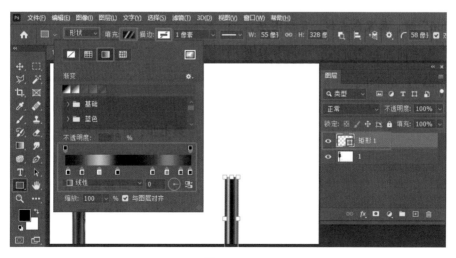

图 25-1-3

第三步：用同样的方法绘制（2），如图 25-1-4 所示。

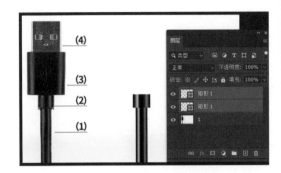

图 25-1-4

选择"钢笔工具"，点击路径，增加锚点，调整锚点位置，把矩形 2 下面部分变成圆弧形，如图 25-1-5 所示。

图 25-1-5

第四步：新建图层，选择"画笔工具"，按住"Shift"键，画黑色直线。复制图层，在黑色直线中间画白色直线，创建剪贴蒙版，如图 25-1-6 所示。

图 25-1-6

第五步：选中线条，调整位置，做出顶部立体感，如图 25-1-7 所示。

图 25-1-7

第六步：用第一步方法绘制（3）。选择"钢笔工具"，点击路径，增加锚点，调整锚点位置，把矩形 3 下部分变成圆弧形，如图 25-1-8 所示。

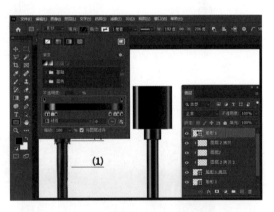

图 25-1-8

第七步：新建图层，选择"画笔工具"，按住"Shift"键，画黑色直线，复制图层，在黑色直线中间画白色直线，创建剪贴蒙版。选中线条，调整位置，做出顶部立体感，如图 25-1-9 所示。

图 25-1-9

第八步：选择"钢笔工具"，勾出框中形状，并填充黑色，如图 25-1-10 所示。

图 25-1-10

第九步：在图层样式面板中将"描边"前打"√"，相关设置如图 25-1-11 所示。

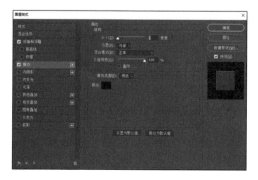

图 25-1-11

第十步：做斜面浮雕效果，相关设置如图 25-1-12 所示。

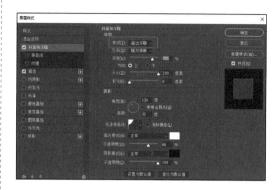

图 25-1-12

完成效果如图 25-1-13 所示。

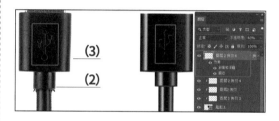

图 25-1-13

第十一步：选择"矩形工具"，绘制（4），调整圆角效果，渐变填充，如图 25-1-14 所示。

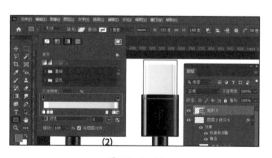

图 25-1-14

第十二步：选择"矩形工具"，继续绘制，调整圆角，渐变填充，如图 25-1-15 所示。

图 25-1-15

第十三步：选中矩形 4 图层，按下快捷键"Ctrl+J"复制图层，并调整位置，如图 25-1-16 所示。

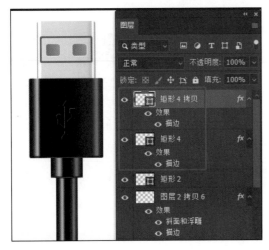

图 25-1-16

第十四步：选择"矩形工具"，继续绘制，渐变填充，创建剪贴蒙版，如图 25-1-17 所示。

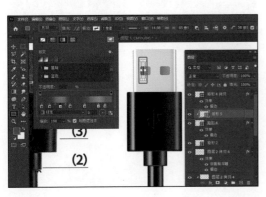

图 25-1-17

第十五步：选中矩形 5 图层，按下快捷键"Ctrl+J"复制图层，并调整位置，如图 25-1-18 所示。

图 25-1-18

第十六步：选中矩形 4 拷贝、矩形 5 拷贝图层，按下快捷键"Ctrl+J"复制，并调整位置，按下快捷键"Ctrl+ T"，调整大小和形状，如图 25-1-19 所示。

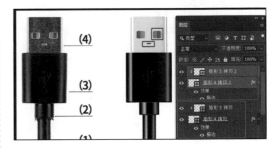

图 25-1-19

第十七步：选中所有图层，按下快捷键"Ctrl+G"建组，如图 25-1-20 所示。

图 25-1-20

第十八步：选中组1，按下快捷键"Ctrl+J"复制组1，如图 25-1-21 所示。

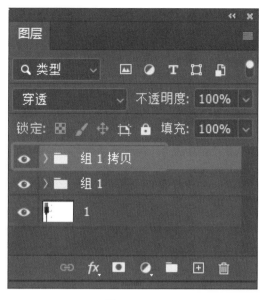

图 25-1-21

第十九步：选中组1，按下快捷键"Ctrl+E"合并，变成"组1拷贝"图层，如图 25-1-22 所示。

图 25-1-22

第二十步：点击"滤镜"，依次选择"杂色""添加杂色"，如图 25-1-23 所示。

图 25-1-23

第二十一步：在"单色"前打"√"，数值调整为 3.5，即可完成，如图 25-1-24 所示。

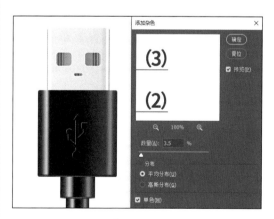

图 25-1-24

附录：快捷键

1. 工具箱系列

矩形选框工具、椭圆选框工具："Shift+M"。

裁剪工具："Shift+C"。

移动工具："Shift+V"。

套索工具、多边形套索工具、磁性套索工具："Shift+L"。

魔棒工具："Shift+W"。

画笔工具："Shift+B"。

钢笔工具、自由钢笔工具："Shift+P"。

横排文字工具、横排文字蒙版工具、直排文字工具、直排文字蒙版工具："Shift+T"。

渐变工具："Shift+G"。

吸管工具、颜色取样器工具："Shift+I"。

抓手工具："Shift+H"。

缩放工具："Shift+Z"。

切换前景色/背景色："Shift+X"。

在标准屏幕模式、具有菜单栏的全屏模式和全屏模式之间进行切换（后退）："Shift+F"。

2. 文件操作

新建文档："Ctrl+N"。

新建图层："Ctrl+Shift+N"。

关闭："Ctrl+W"。

存储："Ctrl+S"。

存储为："Ctrl+Shift+S"。

打印："Ctrl+P"。

3. 选择功能

全部选取："Ctrl+A"。

取消选择："Ctrl+D"。

反向选择："Ctrl+Shift+I"。

4. 视图操作

放大："Ctrl++"。

缩小："Ctrl+-"。

显示/隐藏标尺："Ctrl+R"。

显示/隐藏参考线："Ctrl+;"。

5. 编辑操作

还原选区更改："Ctrl+Z"。

切换最终状态："Alt+Ctrl+Z"。

重做："Ctrl+Shift+Z"。

剪切："Ctrl+X"。

拷贝："Ctrl+C"。

粘贴："Ctrl+V"。

自由变换："Ctrl+T"。

填充："Shift+BackSpace"或"Shift+F5"。

6. 图像调整

色阶："Ctrl+L"。

曲线："Ctrl+M"。

色相/饱和度："Ctrl+U"。

去色："Ctrl+Shift+U"。

反相："Ctrl+I"。

7. 图层操作

通过拷贝建立图层："Ctrl+J"。

图层编组："Ctrl+G"。

取消图层编组："Ctrl+Shift+G"。

合并图层："Ctrl+E"。

合并可见图层："Ctrl+Shift+E"。

将所有可视图层的拷贝合并到目标图层："Ctrl+Alt+Shift+E"。

羽化选区："Shift+F6"。

后 记

2016 年，任清云从设计师转为设计培训讲师。为了做好教学工作，我们购买了大量有关 Photoshop 的书籍，但一直没有找到一本既适合教学培训又能够让学生快速掌握设计技巧的图书。

2018 年，我们下定决心，要自己编写一本有关 Photoshop 的教学用书，让初学者更容易地学会使用这款软件。我们用了近 4 年时间精心编写，尽量将最好、最实用的内容呈现给读者。

在本书编写过程中，友倾教育糖宝、依依、暖暖、琪琪、宋政、黄盼盼、孙超，文腾电商张红娴、潘凯航等，给予我们诸多帮助，在此表示衷心感谢。